창의영재수학

아이앤아이

영재들의 수학여행

Math Travel

고급 B 도형
초등6~중등 영국 런던편

창의영재수학

아이 앤 아이

영재들의 수학여행 Math Travel

01 수학 여행 테마로 수학 사고력 활동을 자연스럽게 이어갈 수 있도록 하였습니다.

02 키즈 – 입문 – 초급 – 중급 – 고급으로 이어지는 단계별 창의 영재 수학 학습 시리즈입니다.

03 각 챕터마다 기초 – 심화 – 응용의 문제 배치로 쉬운 것부터 차근차근 문제해결력을 향상시킵니다.

04 각종 수학 사고력, 창의력 문제, 지능검사 문제, 대회 기출 문제 등을 체계적으로 정밀하게 다듬어 정리하였습니다.

05 과학, 음악, 미술, 영화, 스포츠 등에 관련된 융합형(STEAM) 수학 문제를 흥미롭게 다루었습니다.

06 단계적 학습으로 창의적 문제해결력을 향상시켜 영재교육원에 도전해 보세요.

창의영재가 되어볼까?

교재 구성

	A (수)	**B** (연산)	**C** (도형)	**D** (측정)	**E** (규칙)	**F** (문제해결력)	**G** (워크북)
키즈 (6세 7세초1)	수와 숫자 수 비교하기 수 규칙 수 퍼즐	가르기와 모으기 덧셈과 뺄셈 식 만들기 연산 퍼즐	평면도형 입체도형 위치와 방향 도형 퍼즐	길이와 무게 비교 넓이와 들이 비교 시계와 시간 부분과 전체	패턴 이중 패턴 관계 규칙 여러 가지 규칙	모든 경우 구하기 분류하기 표와 그래프 추론하기	수 연산 도형 측정 규칙 문제해결력

	A (수와 연산)	**B** (도형)	**C** (측정)	**D** (규칙)	**E** (자료와 가능성)	**F** (문제해결력)	**G** (워크북)
입문 (초1~3)	수와 숫자 조건에 맞는 수 수의 크기 비교 합과 차 식 만들기 벌레 먹은 셈	평면도형 입체도형 모양 찾기 도형 나누기와 움직이기 쌓기나무	길이 비교 길이 재기 넓이와 들이 비교 무게 비교 시계와 달력	수 규칙 여러 가지 패턴 수 배열표 암호 새로운 연산 기호	경우의 수 리그와 토너먼트 분류하기 그림 그려 해결하기 표와 그래프	문제 만들기 주고 받기 어떤 수 구하기 재치있게 풀기 추론하기 미로와 퍼즐	수와 연산 도형 측정 규칙 자료와 가능성 문제해결력

	A (수와 연산)	**B** (도형)	**C** (측정)	**D** (규칙)	**E** (자료와 가능성)	**F** (문제해결력)
초급 (초3~5)	수 만들기 수와 숫자의 개수 연속하는 자연수 가장 크게, 가장 작게 도형이 나타내는 수 마방진	색종이 접어 자르기 도형 붙이기 도형의 개수 쌓기나무 주사위	길이와 무게 재기 시간과 들이 재기 덮기와 넓이 도형의 둘레 원	수 패턴 도형 패턴 수 배열표 새로운 연산 기호 규칙 찾아 해결하기	가짓수 구하기 리그와 토너먼트 금액 만들기 가장 빠른 길 찾기 표와 그래프(평균)	한붓 그리기 논리 추리 성냥개비 다른 방법으로 풀기 간격 문제 배수의 활용

	A (수와 연산)	**B** (도형)	**C** (측정)	**D** (규칙)	**E** (자료와 가능성)	**F** (문제해결력)
중급 (초4~6)	복면산 수와 숫자의 개수 연속하는 자연수 수와 식 만들기 크기가 같은 분수 여러 가지 마방진	도형 나누기 도형 붙이기 도형의 개수 기하판 정육면체	수직과 평행 다각형의 각도 접기와 각 붙여 만든 도형 단위 넓이의 활용	규칙성 찾기 도형과 연산의 규칙 규칙 찾아 개수 세기 교점과 영역 개수 수 배열의 규칙	경우의 수 비둘기집 원리 최단 거리 만들 수 있는, 없는 수 평균	논리 추리 님 게임 강 건너기 창의적으로 생각하기 효율적으로 생각하기 나머지 문제

	A (수와 연산)	**B** (도형)	**C** (측정)	**D** (규칙)	**E** (자료와 가능성)	**F** (문제해결력)
고급 (초6~중등)	연속하는 자연수 배수 판정법 여러 가지 진법 계산식에 써넣기 조건에 맞는 수 끝수와 숫자의 개수	입체도형의 성질 쌓기나무 도형 나누기 평면도형의 활용 입체도형의 부피, 겉넓이	시계와 각도 평면도형의 활용 도형의 넓이 거리, 속력, 시간 도형의 회전 그래프 이용하기	암호 해독하기 여러 가지 규칙 여러 가지 수열 연산 기호 규칙 도형에서의 규칙	경우의 수 비둘기집 원리 입체도형에서의 경로 영역 구분하기 확률	홀수와 짝수 조건 분석하기 다른 질량 찾기 뉴튼산 작업 능률

책의 구성과 활용

단원들어가기

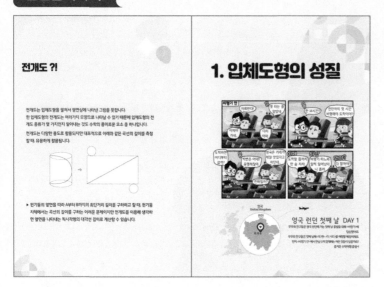

친구들의 수학여행(Math Travel)과 함께 단원이 시작됩니다. 여행지에서 수학문제를 발견하고 창의적으로 해결해 나갑니다.

아이앤아이 수학여행 친구들

전 세계 곳곳의 수학 관련 문제들을 풀며 함께 세계여행을 떠날 친구들을 소개할게요!

무우

팀의 맏리더. 행동파 리더. 에너지 넘치는 자신감과 무한 긍정으로 팀원에게 격려와 응원을 아끼지 않는 팀의 맏형, 솔선수범하는 믿음직한 해결사예요.

상상

팀의 챙김이 언니, 아이디어 뱅크. 감수성이 풍부하고 공감력이 뛰어나 동생들의 고민을 경청하고 챙겨주는 맏언니예요.

알알

진지하고 생각많은 똑똑이 알알이. 겁 많고 부끄럼 많고 소심하지만 관찰력이 뛰어나고 생각 깊은 아이에요. 야무진 성격을 보여주는 알밤머리와 주근깨 가득한 통통한 볼이 특징이에요.

제이

궁금한게 많은 막내 엉뚱이 제이. 엉뚱한 질문이나 행동으로 상대방에게 웃음을 주어요. 주위의 것을 놓치고 싶지 않은 장난기가 가득한 애력덩어리입니다.

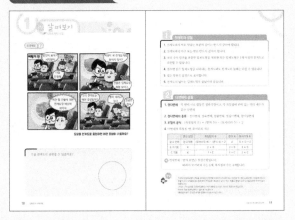

단원의 주제되는 내용을 정리하고 '궁금해요' 문제를 풀어봅니다.

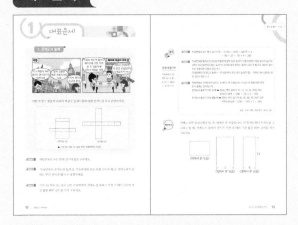

대표되는 문제를 단계적으로 해결하고 '확인하기' 문제를 풀어봅니다.

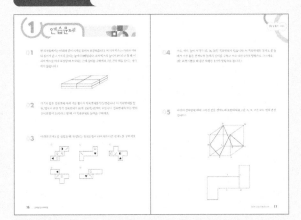

단원살펴보기 및 대표문제에서 익힌 내용을 알차게 구성된 사고력 문제를 통해 점검하며 주제에 대한 탄탄한 기본기를 다집니다.

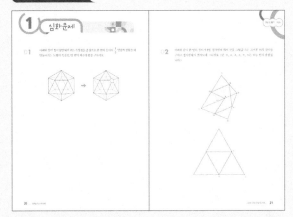

단원에 관련된 문제의 이해와 응용력을 바탕으로 창의적 문제 해결력을 기릅니다.

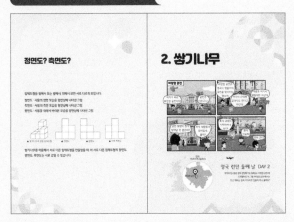

창의력 응용문제, 융합문제를 풀며 해당 단원 문제에 자신감을 가집니다.

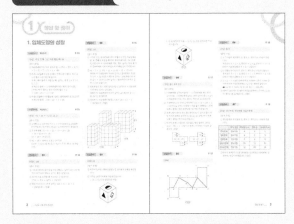

상세한 풀이과정과 함께 수학적 사고력을 완성합니다.

차례
CONTENTS 고급 B 도형 초6~중등

전개도 ?!

전개도는 입체도형을 펼쳐서 평면상에 나타낸 그림을 뜻합니다.

한 입체도형의 전개도는 여러 가지 모양으로 나타날 수 있기 때문에 입체도형의 전개도 종류가 몇 가지인지 알아내는 것도 수학의 흥미로운 요소 중 하나입니다.

전개도는 다양한 용도로 활용되지만 대표적으로 아래와 같은 곡선의 길이를 측정할 때 유용하게 활용됩니다.

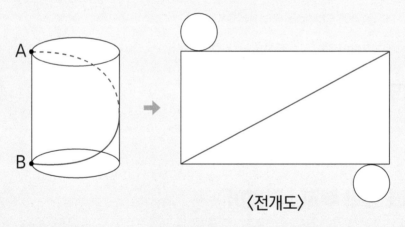

〈전개도〉

▶ 원기둥의 옆면을 따라 A부터 B까지의 최단거리를 구하려고 할 때, 원기둥자체에서는 곡선의 길이를 구하는 어려운 문제이지만 전개도를 이용해 생각하면 옆면을 나타내는 직사각형의 대각선 길이로 계산할 수 있습니다.

1. 입체도형의 성질

영국
United Kingdom

런던

빅 벤 ★

영국 런던 첫째 날 DAY 1

무우와 친구들은 영국 런던에 가는 첫째 날, 출발을 위해 <비행기>에
탑승했어요.

무우와 친구들은 첫째 날에 <빅 벤>, <더 샤드>를 여행할 예정이에요.

먼저, <비행기 안>에서 만날 수학 문제에는 어떤 것들이 있을까요?

즐거운 수학여행 출발~!

궁금해요 ?

도형을 전개도로 표현하면 어떤 모양이 나올까요?

구를 전개도로 표현할 수 있을까요?

전개도의 성질

1. 전개도에서 서로 맞닿는 부분의 길이는 반드시 같아야 합니다.

2. 구와 구의 일부를 포함한 입체도형을 제외한 모든 입체도형은 1개 이상의 전개도로 표현할 수 있습니다.

3. 접으면 같은 입체도형을 나타내는 전개도라도 전개도의 둘레는 다를 수 있습니다.

4. 접는 부분은 점선으로 표시합니다.

5. 전개도의 넓이는 입체도형의 겉넓이와 같습니다.

2 다면체의 성질

1. **정다면체** : 각 면이 서로 합동인 정다각형이고, 각 꼭짓점에 모여 있는 면의 개수가 같은 다면체

2. **정다면체의 종류** : 정사면체, 정육면체, 정팔면체, 정십이면체, 정이십면체

3. **오일러 공식** : (꼭짓점의 수) + (면의 수) − (모서리의 수) = 2

4. **다면체의 꼭짓점, 면, 모서리의 개수**

	면의 모양	꼭짓점의 수	면의 수	모서리의 수
정 A 면체	정 D각형	(모서리의 수) − (면의 수) + 2	A	A × D ÷ 2
B 각기둥	X	2 × B	2 + B	3 × B
C 각뿔	X	1 + C	1 + C	2 × C

예 정사면체 : 면의 모양은 정삼각형입니다.

따라서 모서리의 수는 6개, 꼭지점의 수는 4개입니다.

정답

전개도란 입체도형의 면들을 2차원상의 평면에 이어지게 나타내어 다시 접었을 때, 해당 입체도형이 나타나야 합니다.
원뿔의 경우 부채꼴 모양을 활용해서 전개도로 나타낼 수 있지만 이는 원뿔을 옆에서 보면 곡선을 포함한 부분이 없기 때문입니다.
구 또는 구의 일부를 포함한 도형에는 어떤 부분을 보더라도 곡선이 포함되어 있습니다.
따라서 구를 평면에 펼치는 것은 불가능합니다.
(예를들어 귤의 껍질은 바닥에 평평하게 놓을 수 없습니다.)

대표문제

1. 전개도의 둘레

어떤 주장이 맞을지 아래의 똑같은 입체도형에 대한 전개도를 보고 판단하세요.

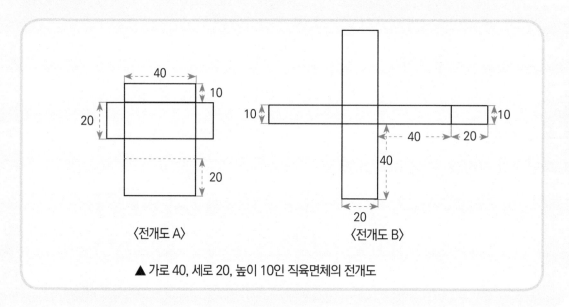

▲ 가로 40, 세로 20, 높이 10인 직육면체의 전개도

Step 1 　직육면체의 모든 변의 길이의 합을 구하세요.

Step 2 　'직육면체의 전개도의 둘레'를 '직육면체의 모든 변의 길이의 합'과 '전개도에서 접히는 변의 길이의 합'으로 표현하세요.

Step 3 　가로 40, 세로 20, 높이 10인 직육면체의 전개도 중 둘레가 가장 길 때의 길이와 가장 짧을 때의 길이를 각각 구하세요.

풀이

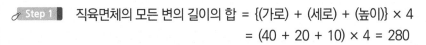

Step 1 직육면체의 모든 변의 길이의 합 = {(가로) + (세로) + (높이)} × 4
= (40 + 20 + 10) × 4 = 280

문제 해결 TIP

직육면체의 모든 변의 길이의 합 = {(가로) + (세로) + (높이)} × 4

Step 2 직육면체를 펼쳐서 전개도를 만들면 맞닿아 있던 모서리가 떨어지면서 해당 모서리 길이의 2배가 되고 떨어지지 않는 모서리는 전개도에서 접히는 모서리 길이가 됩니다. 따라서 공식으로 표현하면 다음과 같습니다.
(직육면체의 전개도의 둘레) = {(직육면체의 모든 변의 길이의 합) − (전개도에서 접히는 변의 길이의 합)} × 2

Step 3 직육면체의 전개도에서 접히는 모서리는 총 5개입니다. 이 길이의 합에 따라 전개도의 둘레는 달라집니다.
전개도의 둘레가 가장 길 때 (전개도 B)
➡ 접히는 변의 길이가 10, 10, 10, 20, 20인 경우 전개도의 둘레 = (280 − 70) × 2 = 420
전개도의 둘레가 가장 짧을 때 (전개도 A)
➡ 접히는 변의 길이가 40, 40, 40, 20, 20인 경우 전개도의 둘레 = (280 − 160) × 2 = 240

정답 : 280 / 풀이 과정 참고 / 420, 240

확인하기

아래는 어떤 입체도형을 앞, 위, 옆에서 본 모습입니다. 이 입체도형의 전개도를 그리려고 할 때, 전개도의 둘레가 가장 길 때와 가장 짧을 때의 길이를 각각 구하세요.

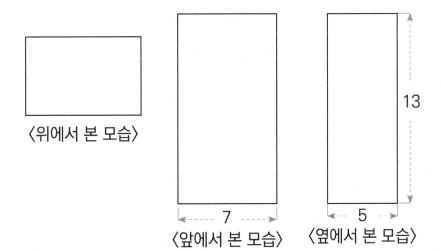

〈위에서 본 모습〉   〈앞에서 본 모습〉   〈옆에서 본 모습〉

7   5   13

2. 다면체

더 샤드를 각뿔로 도형화했을 때, 모서리의 개수가 12개라면 더 샤드는 몇 각뿔 모양일지 구하세요. 또한, 같은 모서리의 개수를 가지는 A 각기둥, 정 B 면체가 있을지 생각하세요.

Step 1 삼각뿔, 사각뿔, 오각뿔, 육각뿔의 꼭짓점, 면, 모서리의 개수를 각각 구하세요.

Step 2 모서리 개수가 12개인 A 각기둥을 만족하는 A를 구하세요.

Step 3 모서리 개수가 12개인 정 B 면체를 만족하는 B를 구하세요.

풀이

문제 해결 TIP

· 정B면체를 만족하는 B는 4, 6, 8, 12, 20 뿐입니다.

· 각 기둥의 옆면은 직사각형입니다.

Step 1 오일러의 공식은 (꼭짓점의 수) + (면의 수) − (모서리의 수) = 2입니다. 각 각뿔의 꼭짓점, 면, 모서리의 개수는 아래 표와 같습니다. 더 샤드를 각뿔로 도형화했을 때, 모서리의 개수가 12개이므로 더 샤드는 육각뿔 모양이라고 할 수 있습니다.

	꼭지점의 수	면의 수	모서리의 수
삼각뿔	4	4	6
사각뿔	5	5	8
오각뿔	6	6	10
육각뿔	7	7	12

Step 2 A 각기둥의 꼭짓점, 면, 모서리의 수는 아래 표와 같습니다.
따라서 모서리의 개수가 12개인 A 각기둥을 만족하는 A는 4입니다. (사각기둥)

	꼭지점의 수	면의 수	모서리의 수
A 각기둥	2 × A	2 + A	3 × A

Step 3 정 B 면체의 꼭짓점, 면, 모서리의 수는 아래 표와 같습니다.

1. 정사면체의 경우
   면의 모양은 정삼각형이고 따라서 모서리의 개수는 4 × 3 ÷ 2 = 6(개)입니다.

2. 정육면체의 경우
   면의 모양은 정사각형이고 따라서 모서리의 개수는 6 × 4 ÷ 2 = 12(개)입니다.

3. 정팔면체의 경우
   면의 모양은 정삼각형이고 따라서 모서리의 개수는 8 × 3 ÷ 2 = 12(개)입니다.

4. 정십이면체의 경우
   면의 모양은 정오각형이고 따라서 모서리의 개수는 12 × 5 ÷ 2 = 30(개)입니다.

5. 정이십면체의 경우
   면의 모양은 정삼각형이고 따라서 모서리의 개수는 20 × 3 ÷ 2 = 30(개)입니다.
   따라서 모서리의 개수가 12개인 정 B 면체를 만족하는 B는 6, 8입니다.

	면의 모양	꼭지점의 수	면의 수	모서리의 수
정 B 면체	정 C 각형	(모서리의 수) − (면의 수) + 2	B	B × C ÷ 2

정답 : 풀이과정 참고 / A = 4 / B = 6 또는 8

확인하기

A 각뿔의 면의 수와 모서리의 수를 더한 값이 X_1이고, B 각기둥의 면의 수와 모서리의 수를 더한 값이 X_2일 때, $X_1 + X_2 = 39$입니다. 이러한 조건을 만족하는 A, B의 순서쌍 (A, B)를 모두 구하세요.

연습문제

01 한 피자집에서는 아래와 같이 피자를 묶어서 포장해줍니다. 이 피자 박스는 가로와 세로의 길이가 같고 가로의 길이는 높이의 4배입니다. 피자 박스의 높이가 8이라고 할 때, 이 피자 박스를 하나 포장할 때 소모되는 끈의 길이를 구하세요. (단, 끈의 매듭 길이는 생각하지 않습니다.)

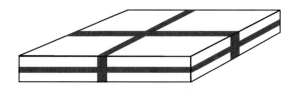

02 크기가 같은 정육면체 여러 개를 쌓아서 직육면체를 만들었습니다. 이 직육면체를 앞, 위, 옆에서 보면 각각 정육면체가 60개, 156개, 65개씩 보입니다. 정육면체의 모든 변의 길이의 합이 24이라고 할 때, 이 직육면체의 둘레를 구하세요.

03 아래의 전개도를 접었을 때, 완성되는 입체도형이 나머지와 다른 전개도를 구하세요.

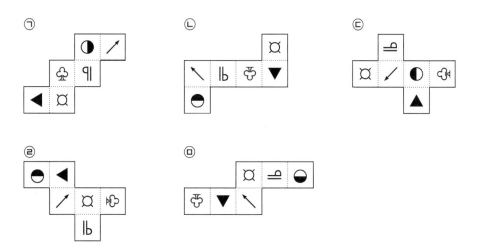

04 가로, 세로, 높이가 각각 15, 18, 20인 직육면체가 있습니다. 이 직육면체의 전개도 중 둘레가 가장 짧은 전개도의 둘레의 길이를 구하고 서로 다른 2가지 방법으로 그리세요. (단, 회전시켰을 때 같은 모양은 1가지 방법으로 봅니다.)

05 아래의 정육면체 위에 그어진 선을 전개도에 표현하세요. (단, ㅈ, ㅊ, ㅍ은 모두 변의 중점입니다.)

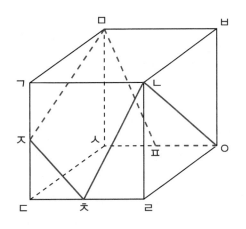

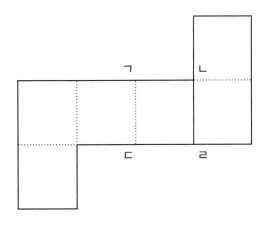

06 A 각기둥의 꼭짓점, 면, 변의 개수의 총합과 B 각뿔의 꼭짓점, 면, 변의 개수의 총합이 같게 되는 순서쌍 (A, B)의 개수를 구하세요. (단, A와 B는 100보다 작습니다.)

07 어떤 정다면체의 면의 수와 모서리의 수를 합한 후 2로 나누었더니 꼭짓점의 수 + 1 이 되었습니다. 이를 만족하는 정다면체를 모두 적으세요.

08 어떤 입체도형 A는 각뿔 또는 각기둥입니다. 이 입체도형의 높이의 절반 되는 지점을 밑면과 평행하게 잘라서 두 개의 입체도형 B, C를 만들었습니다. 이 입체도형 B의 면의 수와 입체도형 C의 면의 수를 합한 값이 19라면 입체도형 B의 꼭짓점의 수와 입체도형 C의 꼭짓점의 수의 합을 구하세요.

09 아래와 같이 정육면체를 단면이 정육각형이 되도록 잘라 두 입체도형을 만들려고 합니다. 자른 후 두 입체도형의 면의 수, 꼭짓점의 수, 모서리의 수의 총합을 구하세요.

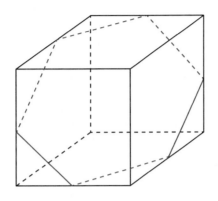

10 아래와 같이 정육면체 모양의 페인트통에 페인트가 담겨 있습니다. 선분 BE 쪽에 작은 구멍을 내어 페인트를 모두 빼낸 후 아래 전개도 모양으로 펼쳤을 때, 페인트가 묻어 있는 부분을 전개도에 표시하세요. (단, 구멍의 크기는 생각하지 않습니다.)

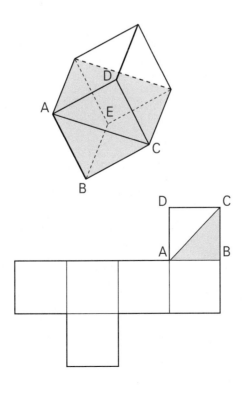

01 아래와 같이 정이십면체의 모든 꼭짓점을 중심으로 한 변 길이의 $\frac{1}{5}$ 만큼씩 잘랐을 때, 만들어지는 도형의 꼭짓점, 면, 변의 개수의 합을 구하세요.

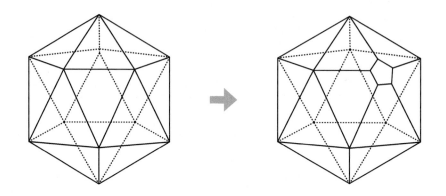

02 아래와 같이 한 변의 길이가 8인 정사면체 위에 선을 그었습니다. 그어진 선의 길이를 구하고 정사면체의 전개도에 그리세요. (단, ㅁ, ㅂ, ㅅ, ㅇ, ㅈ, ㅊ은 모두 변의 중점입니다.)

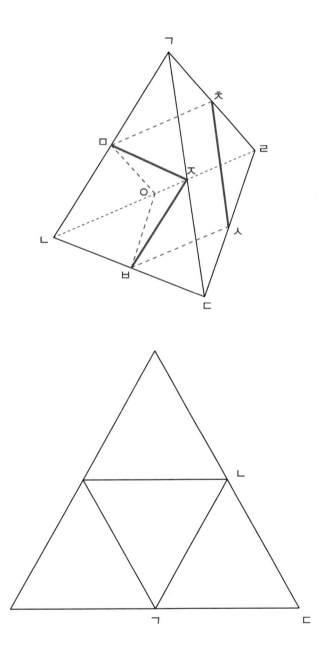

1 심화문제

03 아래의 정육면체 전개도를 접어서 정육면체를 만들었을 때, 선분 ㅊㅋ과 만나는 선분과 꼭짓점 ㄷ과 만나는 꼭짓점을 각각 구하세요.

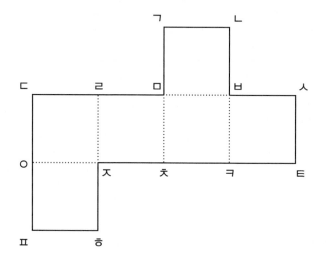

04 정다면체를 만들 수 있는 정다각형은 세 종류뿐입니다. 이 정다각형을 모두 구하고 이를 제외한 정다각형이 정다면체를 만들 수 없는 이유를 적으세요.

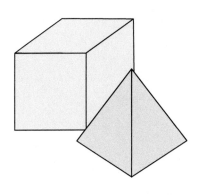

01 아래의 정육면체를 하나의 평면으로 잘라서 두 개의 입체도형으로 만들고자 합니다. 잘린 단면이 삼각형 또는 오각형이 되게 자를 때, 자른 후 두 입체도형의 면의 수, 변의 수, 꼭짓점의 수를 더한 값을 모두 구하세요.

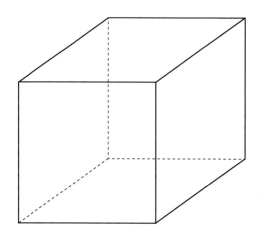

02
창의융합문제

처음에 무우와 상상이는 정다면체를, 제이는 각뿔을, 알알이는 각기둥을 그렸습니다. 이때, 4명이 그린 각 입체도형의 (면의 수 + 변의 수 + 꼭짓점의 수)가 모두 같았습니다. 이를 만족하는 경우는 총 몇 가지일지 구하세요. (단, 같은 입체도형이더라도 그리는 사람이 다른 경우는 다른 경우로 생각합니다.)

영국 런던에서 첫째 날 모든 문제 끝!
버킹엄 궁전로 이동하는 무우와 친구들에게 어떤 일이 일어날까요?

정면도? 측면도?

입체도형을 앞에서 또는 옆에서, 위에서 보면 서로 다른 모습으로 보입니다.

정면도 : 사물의 정면 모습을 평면상에 나타낸 그림

측면도 : 사물의 측면 모습을 평면상에 나타낸 그림

평면도 : 사물을 위에서 바라본 모습을 평면상에 나타낸 그림

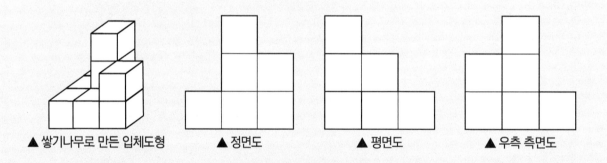

▲ 쌓기나무로 만든 입체도형 ▲ 정면도 ▲ 평면도 ▲ 우측 측면도

쌓기나무를 이용해서 서로 다른 입체도형을 만들었을 때, 이 서로 다른 입체도형의 정면도, 평면도, 측면도는 같을 수 있습니다.

2. 쌍기나무

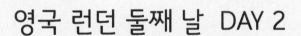

영국
United Kingdom

런던

버킹엄 궁전 ★ ★ 빅 벤

영국 런던 둘째 날 DAY 2

무우와 친구들은 영국 런던에 가는 둘째 날, <버킹엄 궁전>에
도착했어요. 자, 그럼 <버킹엄 궁전>에서는
무슨 재미난 일이 기다리고 있을지 떠나 볼까요?

궁금해요 ?

쌓기나무로 버킹엄 궁전과 같은 모양을 만들려면 몇 개의 쌓기나무가 필요할까요?

버킹엄 궁전을 아래 그림과 같이 쌓기나무를 이용해서 도형화하려면 필요한 쌓기나무는 최소 몇 개일까요? (단, 도형의 뒤에 숨겨져 있는 쌓기나무는 없습니다.)

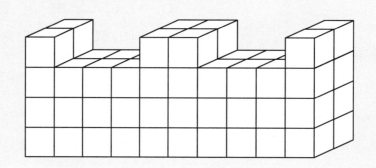

쌓기나무 개수 구하기

1. 평면도(위에서 본 모양)의 쌓기나무 개수는 입체도형의 1층의 쌓기나무 개수와 같습니다.

2. 쌓기나무로 만들어진 입체도형의 정면도, 측면도, 평면도를 보고 입체도형을 만드는 데 필요한 쌓기나무의 개수를 구하는 방법은 다음과 같습니다.

예시문제 정면도, 평면도, 우측 측면도가 아래와 같은 입체도형을 만드는데 필요한 쌓기나무의 개수는?

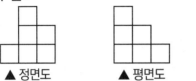

▲ 정면도　　　▲ 평면도　　　▲ 우측 측면도

풀이 1. 평면도의 각 줄에 앞, 우측에서 본 모양의 쌓기나무 개수를 적습니다.

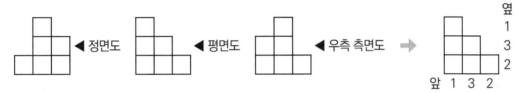

풀이 2. 앞, 옆에서 본 모양의 쌓기나무 개수를 보고 평면도에 쌓기나무의 개수가 결정된 칸부터 숫자를 넣습니다.

풀이 3. 빈칸에는 1 또는 2가 들어갈 수 있습니다. 따라서 이러한 정면도, 평면도, 우측 측면도를 가지는 입체도형을 만드는데 필요한 쌓기나무의 개수는 최소 9개이고, 최대 10개입니다.

 ◀ 최소 개수의 쌓기나무로 만든 입체도형 (9개)

 ◀ 최대 개수의 쌓기나무로 만든 입체도형 (10개)

 설명

쌓기나무를 이용해 만든 입체도형을 만들 때 필요한 전체 쌓기나무의 개수를 구할 때는 입체도형의 평면도(위에서 본 모양)의 각 칸에 몇 개의 쌓기나무가 쌓아져 있는지 적고, 적힌 모든 수를 합치면 됩니다. 쌓기나무는 1층이 없는 상태에서 2층을 쌓을 수 없습니다.

 정답

1. 쌓기나무로 만든 입체도형을 위에서 본 모양(평면도)을 그리면 다음과 같습니다.

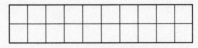

2. 각 칸에 몇 개의 쌓기나무가 쌓아져 있는지를 적어보면 다음과 같습니다.

4	3	3	3	4	4	3	3	4
4	3	3	3	4	4	3	3	3	4

3. 모든 칸에 적은 숫자를 합치면 전체 쌓기나무의 개수가 됩니다.
4. 따라서 입체도형을 만들기 위해 필요한 쌓기나무의 개수는 총 68개입니다.

정답 : 68개

2 대표문제

1. 쌓기나무의 개수

이를 본 무우는 "무늬 A, B, C를 순서대로 어떤 입체도형을 앞, 위, 오른쪽에서 본 모양이라고 생각하면 이 입체도형은 쌓기나무 19개로 만들어진 도형이야" 라고 말했습니다. 이를 들은 상상이는 "아니지, 19개가 아니고 20개지"라고 반박했습니다. 누구의 말이 맞는 것인지 판단하세요.

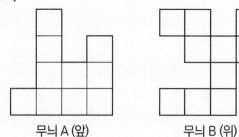

무늬 A (앞)　　　　　무늬 B (위)　　　　　무늬 C (오른쪽)

Step 1　오른쪽의 이 입체도형을 위에서 본 모양의 각 줄을 앞, 오른쪽에서 보았을 때 보여야하는 쌓기나무의 개수를 적으세요.

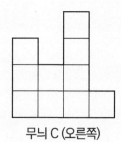

Step 2　입체도형을 위에서 본 모양에서 쌓기나무의 개수가 정해진 칸을 찾아 알맞은 수를 적으세요.

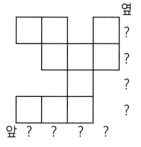

Step 3　이 입체도형을 만드는데 필요한 쌓기나무의 개수로 가능한 수를 모두 찾고 누구의 말이 맞는 것인지 판단하세요.

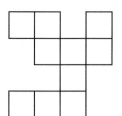

풀이

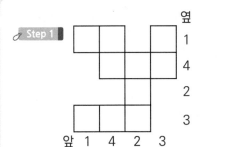

문제 해결 TIP

평면도(위에서 본 모양)에 쌓기나무를 쌓아 앞에서 본 모습, 오른쪽에서 본 모습을 만드는 방법으로 생각합니다.

Step 3 2개의 빈칸은 들어가는 수가 정해지지 않습니다. 이 두 개의 칸을 각각 A, B라고 놓으면 이 줄은 앞에서 본 모양에서 쌓기나무 2칸으로 보여야 하기 때문에 A, B는 1 또는 2가 될 수 있습니다. 따라서 (A, B) = (1, 1)이면 이 입체도형을 만드는데 필요한 쌓기나무의 개수는 최소가 되며 이는 18개입니다. 또한 (A, B) = (2, 2)라면 이 입체도형을 만드는데 필요한 쌓기나무의 개수는 최대가 되고, 이는 20개입니다. 쌓기나무의 개수로 가능한 수는 18, 19, 20입니다. 따라서 무우와 상상이의 말은 모두 맞습니다.

정답 : 풀이과정 참고 / 풀이과정 참고 / 18, 19, 20, 둘 다 맞음

확인하기

아래는 쌓기나무를 쌓아서 만든 입체도형을 위, 앞, 오른쪽에서 본 모양입니다. 이 입체도형을 만들기 위한 쌓기나무의 최소 개수와 최대 개수를 구하세요.

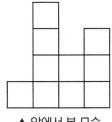

▲ 앞에서 본 모습

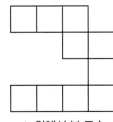

▲ 위에서 본 모습

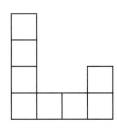

▲ 오른쪽에서 본 모습

2. 특이한 쌓기나무 찾기

정육면체 모양의 빵은 모든 면에 꿀을 바르고 $4 \times 4 \times 4 = 64$ 조각입니다.

4명의 친구들은 아래와 같이 말하고 빵을 먹었는데 각각 몇 조각씩 먹었을 지 적으세요.

> 무우 : 나는 꿀이 너무 싫어! 꿀이 묻지 않은 조각은 내가 먹을게.
>
> 상상 : 내가 여기서 꿀을 제일 좋아하니까 나는 꿀이 3면에 묻은 조각을 모두 먹을게.
>
> 알알 : 나도 단 게 싫어! 나는 꿀이 1면에만 묻은 조각을 먹을꺼야.
>
> 제이 : 그럼 나는 나머지 조각을 모두 먹으면 되겠다!

Step 1　3면에 꿀이 묻은 조각은 몇 개인가요?

Step 2　1면에 꿀이 묻은 조각은 몇 개인가요?

Step 3　2면에 꿀이 묻은 조각은 몇 개인가요?

Step 4　4명의 친구들은 각각 빵을 몇 조각씩 먹었을지 적으세요.

풀이

문제 해결 TIP

· 3면에 꿀이 묻은 조각의 개수는 정육면체의 꼭지점의 개수와 같습니다.

· 2면에 꿀이 묻은 조각은 변의 개수, 1면에 꿀이 묻은 조각은 면의 개수와 관련이 있습니다.

Step 1 3면에 꿀이 묻은 조각은 정육면체의 꼭지점을 포함하고 있는 조각으로 총 8조각입니다.

Step 2 1면에 꿀이 묻은 조각은 정육면체의 다음과 같은 조각입니다. 총 4 × 6 = 24조각 입니다.

Step 3 2면에 꿀이 묻은 조각은 각 면의 중앙 부분에 있는 조각입니다. 총 8 × 3 = 24조각 입니다.

Step 4 전체 64조각에서 꿀이 한 면이라도 묻은 56조각을 빼면 꿀이 묻지 않은 조각은 8조각이고 이것이 무우가 먹는 분량 입니다.

무우 – 8 조각   상상 – 8 조각
알알 – 24 조각   제이 – 24 조각

정답 : 풀이과정 참고

확인하기

아래는 쌓기나무를 이용해 만든 ㄴ 자 모양 입체도형입니다. 이 입체도형의 겉면 (밑면 포함)을 페인트로 칠한 후 각 쌓기나무를 살펴봤을 때, 한 면에도 페인트가 묻지 않은 쌓기나무와 2개의 면에 페인트가 칠해져 있는 쌓기나무는 각각 몇 개일지 구하세요.

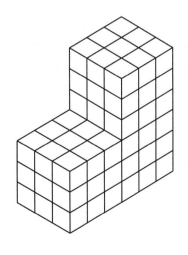

② 연습문제

01 쌓기나무를 여러 개 쌓아서 정육면체 모양의 입체도형을 만들었습니다. 이 정육면체의 밑면을 포함한 모든 면에 색을 칠했더니 2개의 면에만 색이 칠해져 있는 쌓기나무의 개수가 72개였습니다. 1개의 면에만 색이 칠해져 있는 쌓기나무의 개수를 구하세요.

02 아래와 같이 쌓기나무를 쌓아 만든 입체도형 위에 2개의 쌓기나무를 추가로 쌓아 올린 후 겉면에 락카 스프레이를 뿌려 색을 입히려 합니다. 색이 입혀지는 면의 최대 개수와 최소 개수를 각각 구하세요. (단, 밑면은 스프레이를 뿌리지 않습니다.)

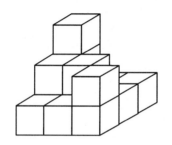

03 쌓기나무 30개를 아래 그림 A와 같이 쌓았습니다. 그 후 최소 개수의 면에 색을 칠해서 앞, 위, 오른쪽에서 본 모양이 다음과 같이 되도록 각 면에 색을 칠하려고 할 때, 2개의 면에 색이 칠해져 있는 쌓기나무는 몇 개일지 구하세요.

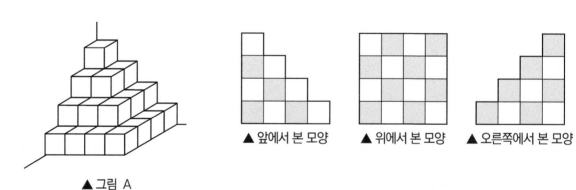

▲ 앞에서 본 모양   ▲ 위에서 본 모양   ▲ 오른쪽에서 본 모양

▲ 그림 A

04 아래는 쌓기나무를 쌓아서 만든 입체도형을 위, 앞, 오른쪽에서 본 모양입니다. 이 입체도형을 만들기 위한 쌓기나무의 최소 개수와 최대 개수를 구하세요.

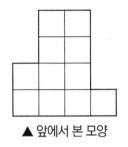

▲ 앞에서 본 모양

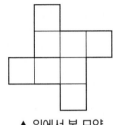

▲ 위에서 본 모양

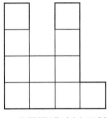

▲ 오른쪽에서 본 모양

05 쌓기나무를 이용해서 정육면체 모양의 입체도형을 만든 후, 이 정육면체의 밑면을 포함한 모든 면에 색을 칠했더니 색이 전혀 칠해져 있지 않은 쌓기나무의 개수가 한 면에만 색이 칠해져 있는 쌓기나무의 개수보다 많았습니다. 이를 만족하기 위한 쌓기나무의 최소 개수를 구하세요.

06 한 변의 길이가 2인 정육면체 모양의 쌓기나무를 9개 쌓아서 입체도형을 만들었습니다. 이 입체도형 겉넓이의 최솟값을 구하세요.

07 아래는 흰색 쌓기나무 8개와 노란색 쌓기나무 56개를 사용해서 정육면체 모양을 만든 모습입니다. 꼭짓점을 포함한 부분에만 흰색 쌓기나무를 사용했을때, 이 정육면체를 꼭 짓점 A, B, C를 지나는 평면으로 자른다면 노란색 쌓기나무는 몇 개가 잘리게 되는지 구하세요.

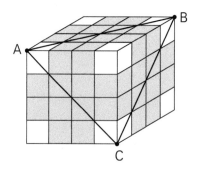

08 쌓기나무를 이용해서 만든 입체도형을 앞, 위, 오른쪽에서 본 모양이 아래와 같았습니다. 이 입체도형에 쌓기나무를 쌓아서 완전한 4 × 4 × 4 정육면체를 만들려고 할 때, 필요한 쌓기나무의 최소 개수와 최대 개수를 각각 구하세요.

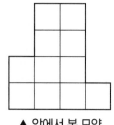

▲ 앞에서 본 모양

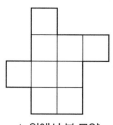

▲ 위에서 본 모양

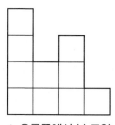

▲ 오른쪽에서 본 모양

09 쌓기나무 21개를 모두 사용하여 어떤 입체도형을 만들었더니 앞, 위, 오른쪽에서 본 모양이 모두 아래와 같았습니다. 이 입체도형에서 A개의 쌓기나무를 빼도 앞, 위, 오른쪽에서 본 모양은 변화가 없다면 이를 만족하는 A의 최대값을 구하세요.

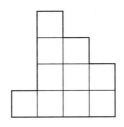

10 아래와 같이 쌓기나무를 쌓아서 입체도형을 만들었습니다. 이 각도에서 보이지 않는 쌓기나무의 최대 개수를 구하세요.

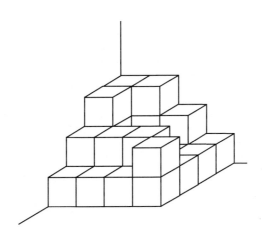

01 쌓기나무를 쌓아서 만든 입체도형을 앞, 위, 오른쪽에서 본 모양이 아래와 같을 때 쌓으려고 할 때, 필요한 쌓기나무의 최대 개수와 최소 개수를 구하세요.

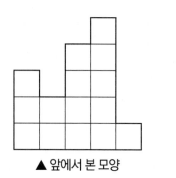
▲ 앞에서 본 모양

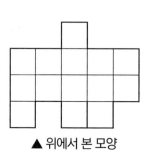
▲ 위에서 본 모양

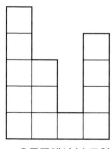
▲ 오른쪽에서 본 모양

02 쌓기나무를 쌓아서 만든 입체도형을 앞, 위에서 본 모양이 아래와 같습니다. 이 입체도형을 오른쪽에서 본 모양으로 가능한 모양을 4가지 그리세요.

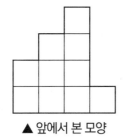

▲ 앞에서 본 모양

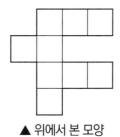

▲ 위에서 본 모양

03 18개의 쌓기나무를 모두 이용해서 4 × 4 × 4 이내에 들어가게 쌓으려고 합니다. 쌓고 난 후 앞, 위, 오른쪽에서 본 모양이 모두 같았다면 그 모양으로 가능한 모양을 5가지 그리세요. (단, 회전시켰을 때 같은 모양은 1가지로 생각합니다.)

04 쌓기나무를 이용해서 만든 입체도형을 앞, 위, 오른쪽에서 본 모양이 아래와 같습니다. 이 입체도형에 A개의 쌓기나무를 추가로 쌓아서 앞, 오른쪽에서 본 모양이 모두 위에서 본 모양과 같게 하려고 할 때, A의 최솟값을 구하세요.

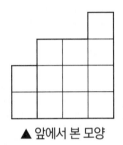
▲ 앞에서 본 모양

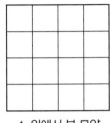
▲ 위에서 본 모양

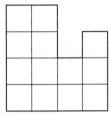
▲ 오른쪽에서 본 모양

01 무우는 양면테이프를 이용해서 다음과 같이 30개의 쌓기나무를 쌓았습니다. 쌓기나무끼리 면이 맞닿는 부분에 양면테이프 한 조각을 사용해 서로 붙여서 쌓아 올렸다면 이 입체도형을 완성하기 위해 사용한 양면테이프는 총 몇 조각일지 구하세요. (벽과 쌓기나무, 바닥과 쌓기나무 사이에는 양면테이프를 붙이지 않습니다.)

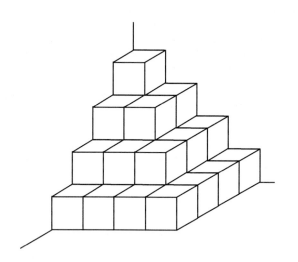

02
창의융합문제

나뭇조각 A는 한 변의 길이가 1인 정육면체 모양이고 나뭇조각 B는 가로, 세로의 길이는 1, 높이는 2인 직육면체 모양이며 나뭇조각 C는 가로, 세로의 길이가 1, 높이가 3인 직육면체 모양입니다.

▲ 나뭇조각 A　　▲ 나뭇조각 B　　▲ 나뭇조각 C

이 조각들로 앞, 위, 오른쪽에서 본 모양이 아래와 같은 입체도형을 만들려고 합니다. 나뭇조각 A는 3유로, 나뭇조각 B는 4유로, 나뭇조각 C는 5유로라면 이 입체도형을 만드는데 필요한 나뭇조각을 사기 위한 최소 금액을 구하세요.

▲ 앞에서 본 모양　　　　▲ 위에서 본 모양　　　　▲ 오른쪽에서 본 모양

영국 런던에서 둘째 날 모든 문제 끝!
영국 박물관으로 이동하는 무우와 친구들에게 어떤 일이 일어날까요?

신기한 등분!

오른쪽 그림은 구 모양의 빵입니다.
이 빵의 겉면에는 초콜릿이 아주 얇게 발라져 있습니다.

이 빵을 10명의 학생들에게 나누어주려고 할 때, 모든 학생들
이 '동일한 양의 초콜릿'을 먹게 나눠주려면 빵을 어떻게 나누
어야 할까요?

가장 쉽게 생각할 수 있는 방법은 오른쪽 그림과 같이 10등분
을 하는 방법입니다. 이 경우 모든 학생이 같은 양의 빵과 초콜
릿을 먹을 수 있습니다.

다른 방법은 오른쪽 그림과 같이 높이를 10등분해서 평행하게
자르는 방법입니다. 이 경우 모든 학생이 같은 양의 빵과 초콜
릿을 먹지 못합니다.

3. 도형 나누기

영국
United Kingdom

런던

대영 박물관

버킹엄 궁전 ♥♥ 빅 벤

영국 런던 셋째 날 DAY 3

무우와 친구들은 영국 런던 여행 셋째 날, <영국 박물관>에
도착했어요. 자, 그럼 <영국 박물관>에서는
무슨 재미난 일이 기다리고 있을지 떠나 볼까요?

궁금해요 ?

무우는 휴대폰을 찾을 수 있을까요?

4명의 일행이 여태껏 지나온 부분의 평면도가 아래 도형과 같았습니다. 이를 4등분해서 각각의 구역을 한 명씩 맡아서 찾으러가기 위해선 어떤 방법으로 4등분을 해야 할까요?

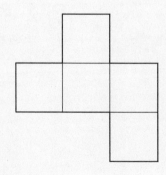

등분하기

한 도형을 모양과 크기가 같은 여러 개의 도형으로 나누는 것을 등분이라고 합니다.

1. 등분할 때는 각각의 나누어지는 부분이 몇 칸짜리 모양일지부터 생각합니다.

예 아래의 도형을 4등분하면 전체가 16칸이므로 각각의 나누어지는 부분은 4칸짜리 모양이어야 합니다.

2. 나누어떨어지지 않는다면 더 작은 단위로 쪼개어 생각합니다.

예 아래의 도형을 4등분할 때는 전체가 3칸짜리 도형이므로 나누어떨어지지 않습니다. 따라서 더 작은 단위로 쪼개서 4등분합니다.

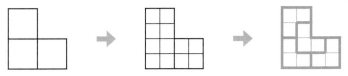

설명

등분하는 문제에는 추가적인 조건이 있는 경우가 있습니다.

예시문제 오른쪽의 도형을 크기와 모양이 같게 4등분하되 각 조각에 점 2개, 네모 1개가 포함되도록 해보세요.

이 경우 오른쪽 그림과 같이 먼저 조건에 맞게 도형과 도형 사이를 먼저 분리합니다. 오른쪽 그림의 표시된 부분은 반드시 나누어져야 하는 부분입니다. 총 16칸짜리 도형이므로 4등분하면 나누어지는 도형은 4칸짜리 도형이고 이에 맞게 등분하면 다음과 같습니다.

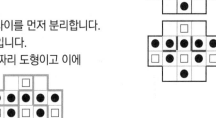

정답

이 도형을 4등분하기 위해선 각각의 나누어지는 부분이 몇 칸짜리 모양일지 생각해야 합니다.
하지만 이 도형은 5칸짜리 도형이므로 4로 나누어떨어지지 않습니다.
따라서 보다 작은 단위로 쪼개서 생각합니다. → 각 칸을 정사각형 4개로 4등분합니다.

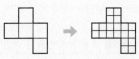

이 도형은 20칸짜리 도형이므로 4등분하면 1인당 5칸짜리 도형을 맡아야 하고 각 도형은 아래와 같은 도형중 하나입니다.

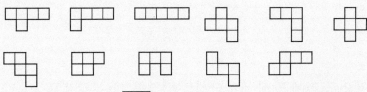

이 중 위의 도형을 4등분 할 수 있는 도형은 ▢▢▢ 뿐입니다.
따라서 위의 평면도를 4등분하는 방법은 오른쪽과 같으므로 4명이 각각 하나씩 맡아서 찾으면 됩니다.

1. 조건에 맞게 나누기

이집트관

정말 식겁했어.

찾아서 다행이야.

이게 로제타석*이야?

짠~

맞아

어라? 뭔가 쓰여있네. 어느 나라 말일까?

아!

이 로제타석은 상형문자, 이집트어, 고대 그리스어로 쓰여있대.

* 로제타석 : 이집트의 도시 라쉬드(로제타)에서 발견된 비석으로, 고전 이집트어 해독의 단서가 되는 발굴품이다.

이 돌에 쓰여 있는 부분 중 일부가 오른쪽과 같다고 할 때, 조건에 맞게 문제를 해결하세요. 아래의 도형에는 ξ, Ξ, ι, ㅎ 4종류의 문자가 있습니다. 각 문자가 1개씩만 포함되도록 크기와 모양이 같게 4등분하세요. (힌트 : 이 도형을 등분한 모습은 90°씩 돌려도 계속 같은 모습으로 보입니다.)

		Ξ	Ξ			
	ι					
	ι		ξ	ι	ι	
			ㅎ	ㅎ	ξ	
ξ	ξ					Ξ
ㅎ						Ξ
ㅎ						

▲ 로제타석의 일부

Step 1 나누어진 각 도형은 몇 칸짜리 도형일지 적으세요.

Step 2 각 문자가 1개씩만 포함되도록 등분하기 위한 문자와 문자 사이의 보조선을 그리세요.

Step 3 90°씩 돌렸을 때 나누어진 모습이 계속 같은 모습으로 보이기 위한 보조선을 그리세요.

Step 4 문제의 조건에 맞게 로제타석의 일부를 4등분하세요.

문제 해결 TIP

· 크기와 모양을 같게 등분하면 나누어진 각 도형의 칸 수는 모두 같습니다.

· 나누어진 각 도형에는 각 문자가 1개씩만 포함이 되어야 하므로 서로 같은 붙어있는 문자를 먼저 분리합니다.

Step 1 전체 도형은 64칸짜리 도형입니다. 따라서 이를 4등분하면 나누어지는 각 도형은 64 ÷ 4 = 16칸으로 이루어져 있어야 합니다.

Step 2 나누어지는 각 도형에는 각 문자가 1개씩만 포함되어 있어야 합니다.
따라서 서로 같은 붙어있는 문자를 분리하면 오른쪽 그림과 같습니다.

▲ 로제타석의 일부

Step 3 이 도형을 앞, 뒤, 좌, 우에서 봤을 때 나누어진 모습이 모두 같게 하기 위해 90°씩 돌리면서 같은 모양의 보조선을 계속 추가해 나갑니다. 또한 정중앙의 4개의 칸도 분리해야 합니다.

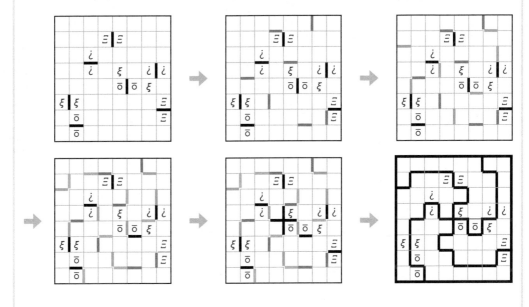

정답 : 16칸 / 풀이과정 참고 / 풀이과정 참고

오른쪽의 도형을 4등분하려 합니다. 각 조각에 A, B, C가 1개씩만 포함되도록 4등분하세요.

2. 등분의 활용

무우와 친구들은 박물관 내부의 카페에서 초콜릿을 샀습니다. 초콜릿의 모양은 오른쪽 그림과 같습니다. 무우가 화장실을 간 사이 나머지 친구들은 아래와 같은 대화를 했습니다. 이 3명의 친구들은 어떤 방식으로 이 초콜릿을 크기와 모양이 같게 3등분할 수 있었을까요?

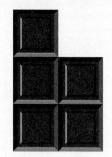

> 제이 : 무우가 오기 전에 우리끼리 초콜릿을 나누어 먹어버리자.
> 상상 : 그래! 근데 이 초콜릿을 크기와 모양이 같게 3등분을 어떻게 해야하지?
> 알알 : 그러게.. 크기와 모양이 같게 4등분을 하는 것은 간단했는데..

Step 1 이 초콜릿을 3등분하기 위해선 몇 개의 작은 단위로 나누어야 할지 적으세요.

Step 2 3명의 친구는 각각 몇 개의 작은 단위로 이루어진 조각을 가져가게 될지 구하세요.

Step 3 도형을 3등분하세요.

풀이

문제 해결 TIP

· 나누어떨어지지
않을 때는 각 칸
을 아래와 같은
작은 단위칸으
로 나눕니다.
1 × 1, 2 × 2,
3 × 3, ………

Step 1 3등분 하기위해선 총 칸의 개수가 3으로 나누어떨어져야 합니다. 각 칸을 작은 단위로 나누는 개수는 다음과 같습니다. → 1 × 1, 2 × 2, 3 × 3, 4 × 4, ……. 따라서 각 칸을 3의 배수인 3 × 3으로 표현하면 총 칸의 개수는 45개가 됩니다. 이는 3으로 나누어떨어집니다. 6 × 6, 9 × 9와 같은 방법도 총 칸의 개수가 3으로 나누어떨어지지만 이는 칸의 개수가 너무 많아지게 되므로 가장 간단한 방법인 3 × 3으로 나누어야 합니다.

Step 2 총 칸의 개수는 45칸입니다. 따라서 각 친구는 45 ÷ 3 = 15칸짜리 모양의 조각을 가져가게 됩니다.

Step 3 3 등분한 도형은 다음과 같습니다.

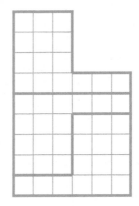

정답 : 45개 / 15개 / 풀이과정 참고

확인하기

아래의 정육각형을 크기와 모양이 같은 사각형으로 6등분하세요.

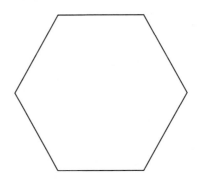

01 아래의 정육각형을 크기와 모양이 같게 12등분하세요.

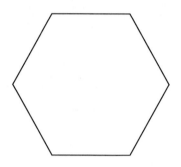

02 아래의 도형을 크기와 모양이 같게 선을 따라 3등분하려 합니다. 나누어지는 각 조각에는 2개의 ●만 들어있도록 3등분하세요.

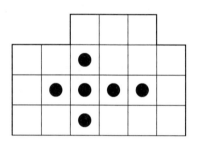

03 아래와 같은 4 × 4 정사각형을 크기와 모양이 같게 선을 따라 2등분하는 방법은 모두 몇 가지일지 구하세요. (단, 회전하거나 뒤집었을 때 같은 모양은 1가지로 봅니다.)

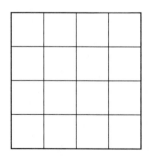

04 아래의 도형을 크기와 모양이 같게 5등분하려고 합니다. 나누어진 각 도형에 A, B, C가 1개씩만 포함되도록 5등분하세요.

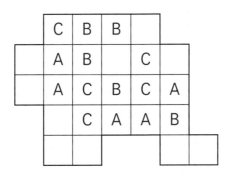

05 〈보기〉는 어느 사다리꼴을 크기와 모양이 같은 직각이등변삼각형 3개로 등분한 모습입니다. 이 사다리꼴을 크기와 모양이 같게 4등분하세요.

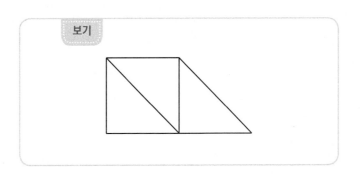

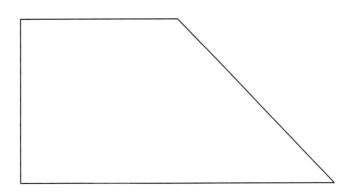

06 아래와 같이 2 × 4 직사각형을 잘라 붙여서 사다리꼴을 만들었습니다. 이 사다리꼴을 크기와 모양이 같게 2등분하세요. (단, 대각선을 사용할 수 있습니다.)

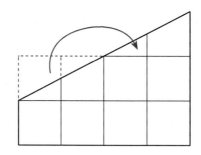

07 아래의 도형을 3조각으로 자르고 붙여서 하나의 정사각형을 만드세요. (단, 잘린 3조각은 서로 같은 모양이 아니어도 되며 대각선으로 자를 수 있습니다.)

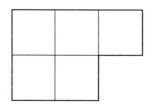

08 아래의 도형을 여러 가지 모양으로 나누려고 합니다. 칸에 적힌 숫자는 그 칸을 포함하는 나누어진 도형에 포함된 칸의 개수입니다. 같은 숫자의 도형은 서로 크기와 모양이 같게 이 도형을 나누세요.

1		6	4		
					4
				4	
	3		6		
2					1
		5			

09   아래에는 양 밑각의 크기가 60°이고 윗변과 양변의 길이가 같은 등변사다리꼴이 있습니다.
이 도형을 크기와 모양이 같게 4등분하세요.

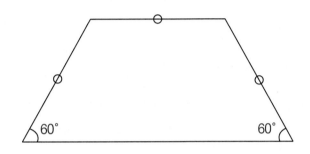

10   아래의 도형을 크기와 모양이 같게 5등분하고자 합니다. 나누어진 각 조각에는 ○가 2개씩
들어가도록 5등분하세요.

01 아래의 도형을 크기와 모양이 같게 4등분하려고 합니다. 나누어진 각 도형에는 ★이 1개 씩만 들어가도록 4등분하세요. (단, 나누어진 모습을 90°씩 돌려서 봐도 항상 같은 모습 입니다.)

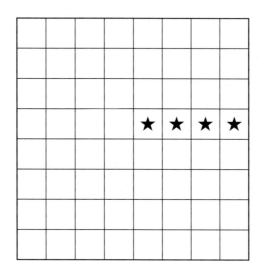

02 아래의 도형을 크기와 모양이 같게 4등분하려고 합니다. 나누어지는 각 도형에 적힌 수의 합이 모두 같도록 4등분하세요. (단, 적혀있는 수는 1 ~ 32까지의 수와 4개의 100이며 나누어진 모습은 90°씩 돌려서 봐도 항상 같은 모습입니다.)

2	1	8	9	16	17
7	10	24	25	32	4
15	18	23	100	5	12
26	31	3	13	20	21
100	6	11	14	28	29
19	22	27	30	100	100

03 아래의 구멍 뚫린 직사각형을 크기와 모양이 같게 선을 따라 2등분하고 다시 붙여서 1개의 정사각형으로 만드세요.

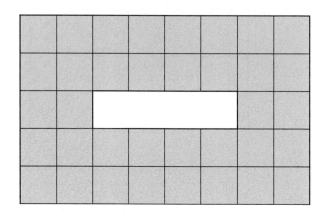

04 아래와 같은 도형을 3조각으로 자르고 다시 붙여서 하나의 정사각형을 만드세요. (단, 잘린 도형은 서로 같은 모양이 아니어도 됩니다.)

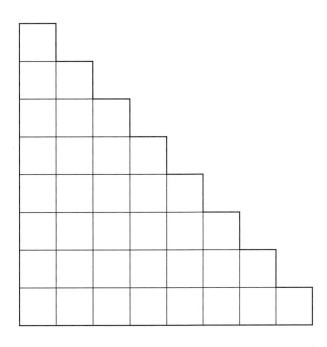

01 아래의 도형을 크기와 모양이 같게 4등분하려고 합니다. 나누어진 각 도형에 ☆, ○, □가 1개씩만 들어가도록 4등분하세요. (단, 이 도형을 4등분한 모습은 90°씩 돌려서 봤을 때 나누어진 모습이 모두 같습니다.)

02
창의융합문제

무우는 기념품샵에서 아래와 같은 'ㄴ자 모양'의 퍼즐을 여러 개 샀습니다. 무우와 상상이, 제이가 이 퍼즐에 대해 다음과 같이 대화를 했을 때, 다음 질문에 답하세요.

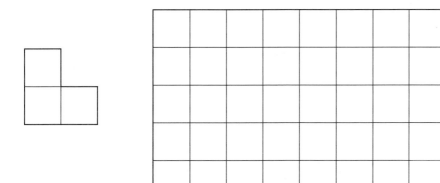

9 × 5 직사각형을 'ㄴ자 모양'의 퍼즐로 채워 보고 누구의 말이 맞는지 판단하세요.

상상 : 이 퍼즐 2개를 붙이면 2 × 3 직사각형이 되네? 그럼 이 퍼즐로는 2 × 3 직사각형만을 이용해서 채울 수 있는 직사각형만 만들 수 있겠다!

무우 : 그렇지 않아! 9 × 5 직사각형은 2 × 3 직사각형만으로는 채울 수 없지만 이 퍼즐을 이용해서 만들 수 있는데?

제이 : 둘 중에 맞는 말을 한 사람은 기념품을 하나 더 고를 수 있는 혜택을 주자!

영국 런던에서 셋째 날 모든 문제 끝!
런던 아이로 이동하는 무우와 친구들에게 어떤 일이 일어날까요?

지구의 둘레?

에라토스테네스는 기원전 3세기 그리스의 수학자
로서 최초로 지구의 둘레를 측정한 사람입니다.

이 당시 사람들은 땅이 평평하고 둥근 하늘이 위를 덮
고 있다고 생각했는데, 에라토스테네스는 아래와 같
이 2가지를 가정하고 지구의 둘레를 측정했습니다.

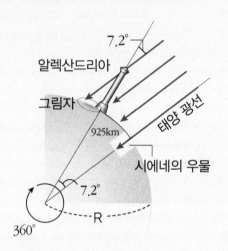

> 1. 태양 광선은 평행하다.   2. 지구는 둥글다.

에라토스테네스는 도서관에서 '시에네에서는 일 년에 한 번씩 정오에 태양이 우물 속
을 똑바로 비춘다' 라는 기록을 읽고 시에네에 태양이 똑바로 비추는 날 정오에 알렉
산드리아에서 수직으로 세운 막대와 막대의 그림자가 이루는 각도를 측정했습니다.
그 각도는 7.2°였고, 그에 따라 아래와 같은 식을 세우면 지구의 둘레를 구할 수 있었
습니다.

$$\frac{7.2°}{360°} = \frac{\text{시에네와 알렉산드리아 간의 거리 (925km)}}{\text{지구의 둘레}}$$

그가 구한 지구의 둘레는 약 46,000km였습니다. 이는 정확히 알려진 지구의 둘레인
약 40,000km보다 큰 값이지만 그 당시의 기술력을 생각하면 놀라울 정도로 정확한
값입니다.

4. 평면도형의 활용

빅 벤에서 런던 아이로 가려는 친구들

지금 시간이 런던 아이 야경 구경하기 좋은 시간이네?

진짜? 그럼 보러 가자!

그래 가 보자.

맞다 런던 아이는 밤이면 불빛이 들어오지.

런던 아이는 특별한 날이나 축하할 날이면 퍼포먼스나 불꽃축제를 한대.

우와~

그러고 보니 런던 아이를 타면 윈즈 성이 보인다던데.

그야 런던 아이 높이가 135m잖아. 맑으면 보인대.

가자

런던 아이

런던 아이에 도착했어!

저게 런던 아이구나.

예쁘다

안쪽에 무언가 들어갈 것 같은데?

영국
United Kingdom

런던

대영 박물관

런던 아이

버킹엄 궁전   빅 벤

영국 런던 넷째 날 DAY 4

무우와 친구들은 영국 런던 여행 넷째 날, <런던 아이>에 도착했어요.

자, 그럼 <런던 아이>에서 기다리는 수학문제들을 만나러 가볼까요?

궁금해요 ?

꺼져있는 부분을 보고 부채꼴을 연상하는 무우

무우는 런던 아이의 연속된 N개의 캡슐에 불이 꺼져 있는 부분을 아래 그림과 같이
표현했습니다. 런던 아이는 지름이 130이고 총 30개의 캡슐 중 연속된 8개의 캡슐
에 불이 꺼져있었다면 부채꼴 AOB의 중심각 α의 크기와 호 AB의 길이 ℓ을 구하세
요. (단, π는 3.14로 계산하며 모든 캡슐은 균등한 간격으로 설치되어 있습니다.)

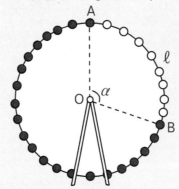

1 평면도형의 성질

1. 삼각형에서의 닮음

① 두 삼각형이 있을 때, 한 삼각형을 축소 또는 확대해서 다른 삼각형과 합동이 되면 두 삼각형을 서로 닮음이라고 합니다.

② 두 삼각형이 닮음이기 위해서는 아래의 조건 중 하나를 만족해야 합니다.

　ⅰ. 세 변의 길이의 비가 같다.

　ⅱ. 두 변의 길이의 비가 같고 그 끼인각의 크기가 같다.

　ⅲ. 두 각의 크기가 같다.

2. 원과 부채꼴의 성질

원의 반지름을 r, 원주율을 π (≒3.14)라고 하면 원의 둘레와 넓이는 다음과 같습니다.

$$\text{원의 둘레} : 2\pi r \quad \text{원의 넓이} : \pi r^2$$

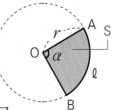

① 오른쪽 그림과 같은 원의 일부분 AOB를 부채꼴이라고 합니다.

두 점 A, B로 인해 나누어진 원 둘레를 호라고 부르며

호 AB로 표시합니다.

② 부채꼴의 중심각을 α라고 하고 그에 대응하는 호의 길이를 ℓ 이라고

하면 호의 길이와 부채꼴의 넓이는 다음과 같습니다. ($2\pi r : \ell = 360 : \alpha$)

$$\text{호의 길이 } \ell = \frac{\alpha \, \pi r}{180} \qquad \text{부채꼴의 넓이 } S = \frac{\alpha \, \pi r^2}{360}$$

설명

원의 크기와 상관없이 원의 둘레(원주)와 원의 지름의 비는 항상 일정한데, 이 비를 원주율이라고 하고 π 로 나타냅니다. 다시 말해 원주율은 원의 둘레(원주)가 지름의 몇 배인지를 나타내는 것인데, 일반적으로 π = 3.14 로 계산합니다. 실제로 다양한 방법을 통해서 π의 값을 구할 수 있는데 이 원주율 π = 3.14159265358979……와 같이 순환하지 않고 무한히 계속되는 소수이기 때문에 우리는 근사값인 3.14를 사용하는 것 입니다.

처음으로 수학적인 계산을 통해 원주율의 근사값을 계산한 사람은 그리스의 수학자 '아르키메데스'로 아래 그림과 같이 원의 안쪽과 바깥족에 정확하게 접하는 정다각형의 둘레를 이용하여 계산하였습니다. 예시는 정육각형을 원의 안쪽과 바깥쪽에 접하게 그렸지만 정다각형의 변의 개수를 점점 늘릴 수록 정확한 값을 얻을 수 있습니다.

정답

원형 모양으로 총 30 개의 캡슐이 균등한 간격으로 설치되어 있으므로 캡슐과 캡슐 사이의 끼인각은 360°÷30 = 12° 입니다. 연속된 8개의 캡슐에 불이 꺼져있으므로 밝은 부채꼴로 보이는 부분은 캡슐 22개의 끼인각을 중심으로 가지는 부채꼴입니다. 이 끼인각은 21 × 12 = 252° 이므로 구하고자하는 부채꼴 AOB의 중심각 α의 크기는 360° − 252° = 108° 입니다.

따라서 이 중심각 α에 대응하는 호의 길이 ℓ 은 다음과 같습니다. 원의 반지름 r은 65입니다.

$$130\pi : \ell = 360 : \alpha \;\rightarrow\; \ell = \frac{108 \times 3.14 \times 65}{180} = 122.46$$

따라서 부채꼴 AOB의 중심각 α의 크기는 108°, 호 AB의 길이 ℓ 은 122.46입니다.

4 대표문제

1. 원과 부채꼴의 성질

다음 물음에 답하세요. 두 개의 사진은 모두 한 변의 길이가 20인 정사각형입니다. 이때 첫번째 사진에서 회색으로 색칠된 부분과 두 번째 사진에서 회색으로 색칠된 부분의 넓이의 비를 구하세요. (단, π는 3.14로 계산합니다.)

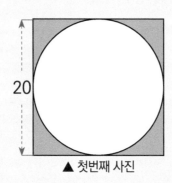

▲ 첫번째 사진

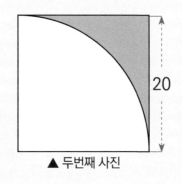

▲ 두번째 사진

Step 1 첫 번째 사진의 회색으로 색칠된 부분의 넓이를 구하세요.

Step 2 두 번째 사진의 회색으로 색칠된 부분의 넓이를 구하세요.

Step 3 두 넓이의 비를 구하세요.

풀이

문제 해결 TIP

· 첫 번째 사진은 원, 두 번째 사진은 부채꼴입니다. 두 번째 사진의 원의 반지름은 첫 번째 사진의 원의 반지름의 2배입니다.

Step 1 첫 번째 사진은 한 변의 길이가 20인 정사각형 내부에 반지름의 길이가 10인 원이 들어가 있는 모양입니다. 따라서 회색으로 색칠된 부분의 넓이는 다음과 같습니다.

(회색으로 색칠된 부분의 넓이) = (정사각형의 넓이) − (원의 넓이)

$$= 20^2 - (3.14 \times 10^2) = 86$$

Step 2 두 번째 사진은 한 변의 길이가 20인 정사각형 내부에 반지름의 길이가 20인 원의 일부인 부채꼴이 들어가 있는 모양입니다. 이 부채꼴의 중심각은 90°입니다.
따라서 회색으로 색칠된 부분의 넓이는 다음과 같습니다.

(회색으로 색칠된 부분의 넓이) = (정사각형의 넓이) − (부채꼴의 넓이)

$$= 20^2 - \frac{90 \times 3.14 \times 20^2}{360} = 86$$

Step 3 따라서 첫 번째 사진의 회색으로 색칠된 부분의 넓이와 두 번째 사진의 회색으로 색칠된 부분의 넓이의 비는 86 : 86 = 1 : 1입니다.

정답 : 86 / 86 / 1 : 1

확인하기

아래 큰 원의 반지름의 길이는 20입니다. 회색으로 칠해진 부분의 넓이를 구하세요. (단, π는 3.14로 계산합니다.)

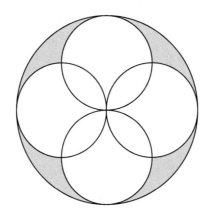

④ 대표문제

2. 닮음을 이용한 문제

무우가 상상한 것을 그림으로 표현하면 다음과 같습니다. 조건이 아래와 같을 때 △ㄱ ㄴㄷ과 △ㄹㅁㄷ의 닮음비를 구하세요.

조건

아래와 같이 선분 ㄹㅁ 을 한 변으로 하는 정사각형을 만들었을 때, △ㄹㅂㅅ의 넓이 가 △ㄷㅇㅅ의 넓이보다 150이 더 넓었습니다. 선분 ㄹㅁ의 길이는 30이고 △ㄱㄴ ㄷ과 △ㄷㅇㅅ은 합동입니다.

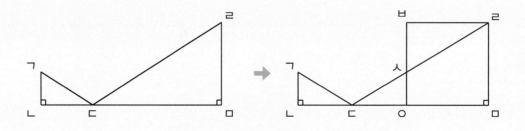

Step 1   사각형 ㅂㅇㅁㄹ과 삼각형 ㄷㅁㄹ의 넓이 관계를 구하세요.

Step 2   선분 ㄷㅇ의 길이를 구하세요.

Step 3   △ㄱㄴㄷ과 △ㄷㅁㄹ의 닮음비를 구하세요.

09 아래와 같이 가로, 세로, 대각선의 길이가 3, 4, 5인 직사각형 ㄱㄴㄷㄹ을 오른쪽 아래점을 중심으로 계속 돌려나가서 처음의 모습이 될 때까지 한 바퀴 굴렸습니다. 점 ㄱ이 움직인 거리의 길이를 구하세요.

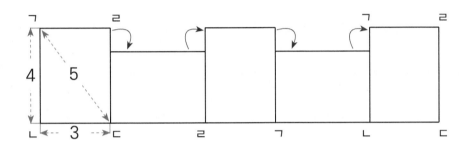

10 아래처럼 정삼각형 ㄱㄴㄷ을 그리고, 선분 ㄱㄷ 위의 한 점 ㅁ을 잡고 선분 ㄴㄷ의 연장선 위에 ㄹ을 잡았더니 ∠ㅁㄴㄷ = ∠ㄹㅁㄷ이고 선분 ㄴㅁ의 길이가 선분 ㅁㄹ의 길이의 3배가 되었습니다. 이때 △ㄱㄴㄷ의 넓이는 △ㅁㄷㄹ의 넓이의 몇 배일지 구하세요.

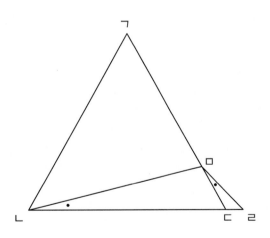

01 선분 ㄷㄹ의 길이가 4인 직사각형 ㄱㄴㄷㄹ이 있습니다. 선분 ㄱㄹ 위에 (선분 ㄱㅁ의 길이) : (선분 ㅁㄹ의 길이) = 2 : 3이 되는 점 ㅁ을 잡고 ∠ㄴㅁㅂ = 90°가 되는 점 ㅂ을 잡으면 (선분 ㅁㅂ의 길이)와 (선분 ㅂㄷ의 길이)가 같아졌습니다. 선분 ㄴㅁ의 길이를 구하세요.

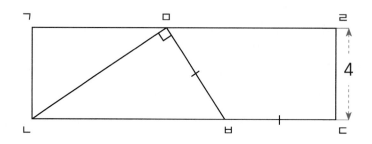

02 아래는 직각삼각형 ㄱㄴㄷ 내부에 원이 접해있는 모습입니다. 직각삼각형 ㄱㄴㄷ의 넓이는 628이고 원의 넓이는 직각삼각형 ㄱㄴㄷ의 넓이의 절반입니다. 선분 ㄱㄷ의 길이를 구하세요. (단, π는 3.14로 계산합니다.)

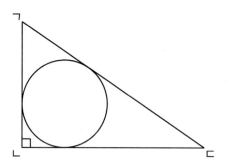

03 아래 그림에서 △ㄱㄴㄷ과 △ㄱㄹㄷ은 닮음입니다. 선분 ㄱㄷ의 길이가 20이고 ∠ㄴㄱㄹ이 ∠ㄹㄱㄷ의 2배일 때, 선분 ㄴㄹ의 길이를 구하세요.

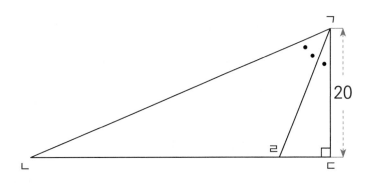

04 아래와 같이 원의 내부에 접하는 사각형 ㄱㄴㄷㄹ이 있습니다. (선분 ㄱㄹ의 길이) : (선분 ㄴㄷ의 길이) = 1 : 2이고, (선분 ㄱㄷ의 길이) : (선분 ㄴㄹ의 길이) = 8 : 7이라면 (선분 ㄱㄴ의 길이) 와 (선분 ㄷㄹ의 길이)의 비를 구하세요.

TIP!
∠ㄱㄷㄹ = ∠ㄱㄴㄹ
∠ㄱㄹㄴ = ∠ㄱㄷㄴ
∠ㄹㄱㄷ = ∠ㄹㄴㄷ
∠ㄴㄱㄷ = ∠ㄴㄹㄷ

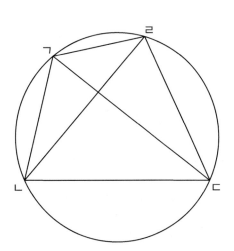

01 아래와 같이 오각형 ABCDE의 각 변의 중점 F, G, H, I, J를 이어 오각별을 만들고 또 오각별을 이루는 선분 FH, GI, HJ, FI, GJ의 중점 K, L, M, N, O를 이어 오각형을 만들 었습니다. 큰 오각형 ABCDE와 작은 오각형 KLMNO의 넓이의 비를 구하세요.

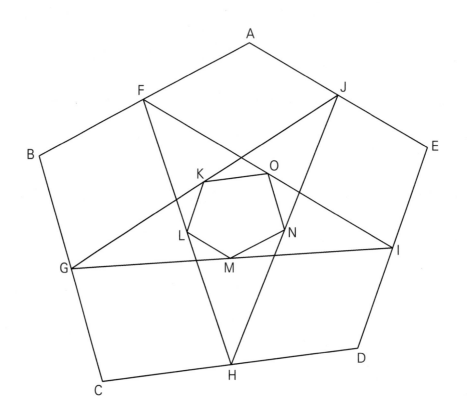

02
창의융합문제

무우, 상상, 알알, 제이 순으로 대관람차를 탔는데, 무우가 탄 후 10분 뒤에 상상이가 탔으며 상상이가 탄 후 10분 뒤에 제이가 탔으며 알알이는 상상이와 제이 사이에 탔습니다. 이를 도형화시키면 아래와 같습니다.

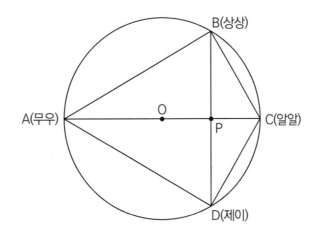

△ABC는 직각삼각형입니다. 무우와 알알이를 이은 직선은 원의 중심 O를 지나고, 이 직선과 상상이와 제이를 이은 직선이 만나는 점을 P라고 할 때, △ABP의 넓이와 △CDP의 넓이의 비를 구하세요.

영국 런던에서 넷째 날 모든 문제 끝!
런던 타워로 이동하는 무우와 친구들에게 어떤 일이 일어날까요?

부피가 2배?

아주 오래전 그리스의 한 섬에서 전염병이 발생했습니다. 이에 아폴로 신은 신전에 있는 정육면체 모양의 제단과 같은 모양이고 부피가 2배인 제단을 만들어서 바치면 전염병을 고쳐주겠다고 했습니다. 이 말을 들은 고대 그리스인들은 가로, 세로, 높이가 각각 2배인 정육면체를 만들어 신전에 바쳤습니다. 하지만 전염병은 낫지 않고 더욱 심해졌습니다. 어째서일까요?

그 이유는 다음과 같습니다.

정육면체의 부피 = 가로 × 세로 × 높이입니다. 따라서 아래 그림과 같이 한 변의 길이가 A인 정육면체를 가로, 세로, 높이를 각 2배씩 한 정육면체는 원래의 정육면체의 부피의 8배가 됩니다.

부피가 2배가 되는 정육면체를 구하는 문제는 수학적으로는 가능하나 실제로 작도하는 것은 불가능하다 라는 것이 19세기에 이르러서야 밝혀졌습니다.

부피 : A^3

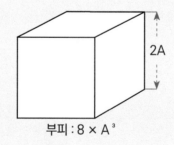

부피 : $8 \times A^3$

입체도형의 부피, 겉넓이

런던 탑

짠―

여기가 런던 탑 이야.

엥?
탑? 성인데?

런던 탑 출입구

런던 탑의 정식 명칭은 '여왕 폐하의 궁전이자 요새인 런던 탑'이래.

런던 탑 이름은 화이트 타워에서 유래되었대.

요새?

진짜?

런던 탑 안쪽에는 다양한 건물들이 있대.

주얼리 하우스도?

어머
제이야 어디 아파?

으윽
갑자기 목이 타는데…

그럼
이참에 티타임을 가지는 건 어때?

맞아
기왕 영국에 왔으니까.

좋아
그럼 근처 카페에 가자!

목말라…

영국
United Kingdom

런던

런던 아이
대영 박물관
런던 탑
버킹엄 궁전
빅 벤

영국 런던 다섯째 날 DAY 5

무우와 친구들은 영국 런던의 다섯째 날, <런던 탑>에 도착했어요.

자, 그럼 <런던 탑>에서 기다리는 수학문제들을 만나러 가볼까요?

마지막 수학여행지로 떠나봅시다~

궁금해요 ?

제이는 다른 친구들이 케이크를 어느 정도 먹은 건지 궁금해하는데…

알알이가 무우와 상상이의 조각 케이크에서 각각 〈그림 1〉과 같이 일정 부분을 잘라 가져 가서 〈그림 2〉, 〈그림 3〉과 같은 부분이 남았습니다. 〈그림 2〉는 삼각기둥을 점 ㄱ, ㄴ, ㅅ을 지나는 평면으로 잘라내고 남은 모습입니다. 〈그림 2〉 도형의 부피를 구해서 3명의 친구가 각각 먹은 케이크의 양을 구하세요.

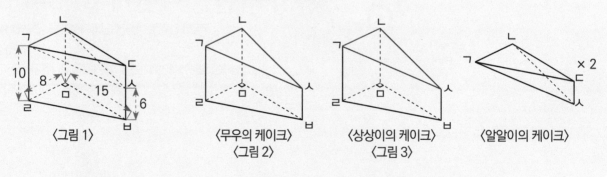

〈그림 1〉   〈무우의 케이크〉 〈그림 2〉   〈상상이의 케이크〉 〈그림 3〉   〈알알이의 케이크〉

1 부피와 겉넓이

1. 겉넓이 : 입체도형의 겉면의 넓이의 합

① 정육면체의 겉넓이 : (한 면의 넓이) × 6

② 직육면체의 겉넓이 : 각 면의 넓이의 합

③ 각기둥, 원기둥의 겉넓이 : (밑면의 넓이) × 2 + (옆면의 넓이)

④ 각뿔, 원뿔의 겉넓이 : (밑면의 넓이) + (옆면의 넓이)

⑤ 반지름이 R인 구의 겉넓이 : $4 \times \pi \times R^2$

2. 부피 : 입체도형이 공간에서 차지하는 크기

① 정육면체, 직육면체의 부피 : (가로의 길이) × (세로의 길이) × (높이)

② 각기둥, 원기둥의 부피 : (밑면의 넓이) × (높이)

③ 각뿔, 원뿔의 부피 : (밑면의 넓이) × (높이) ÷ 3

④ 반지름이 R인 구의 부피 : $4 \times \pi \times R^3 \div 3$

설명

ⓐ 부피는 cm³, m³ 과 같은 단위를 사용하며 1m³ = 1000000cm³ 입니다.

ⓑ 겉넓이는 cm², m² 과 같은 단위를 사용하며 1m² = 10000cm² 입니다.

ⓒ 닮음비가 a : b인 두 평면도형의 넓이의 비는 a² : b² 이고 닮음비가 a : b인 두 입체도형의 부피의 비는 a³ : b³ 입니다.

ⓓ 밑면의 넓이와 높이가 같은 각뿔과 각기둥의 부피의 비는 1 : 3입니다.

ⓔ 아래 그림과 같은 원뿔, 구, 원기둥의 부피의 비는 1 : 2 : 3입니다.

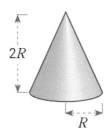
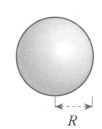
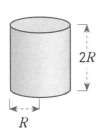

부피 : $\pi \times R^2 \times 2R \div 3$ 부피 : $4 \times \pi \times R^3 \div 3$ 부피 : $\pi R^2 \times 2R$

정답

〈그림 2〉는 삼각기둥에서 삼각뿔을 잘라낸 모습입니다.

잘라내기 전 삼각기둥의 밑면의 넓이는 8 × 15 ÷ 2 = 60이고 높이는 10이므로 이 삼각기둥의 부피는 600입니다.

잘라낸 삼각뿔의 밑면의 넓이는 삼각기둥의 밑면과 같고 높이가 4 이므로 이 삼각뿔의 부피는 60 × 4 ÷ 3 = 80입니다.

따라서 〈그림 2〉의 도형의 부피는 520입니다.

따라서 양쪽 케이크에서 위와 같은 부분을 잘라서 먹는 친구(알알이)는 80 × 2 = 160만큼의 케이크를 먹었고 나머지 2명은 각각 520만큼의 케이크를 먹은 것이 됩니다.

⑤ 대표문제

1. 입체도형의 겉넓이

이 런던 타워가 지어진지 900년이 넘어서 외벽 보수공사를 하려고 합니다. 런던 타워를 도형화 시키면 〈보기〉와 같을 때 이 도형의 겉넓이를 구하세요. (단, π는 3.14로 계산합니다.)

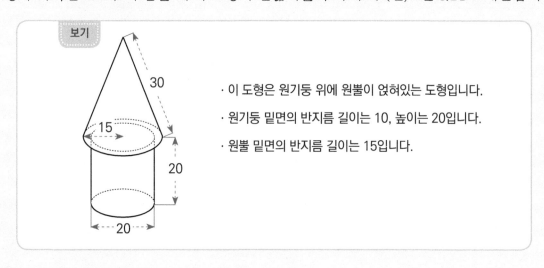

· 이 도형은 원기둥 위에 원뿔이 얹혀있는 도형입니다.

· 원기둥 밑면의 반지름 길이는 10, 높이는 20입니다.

· 원뿔 밑면의 반지름 길이는 15입니다.

Step 1 원뿔의 옆면을 펼쳤을 때 그 중심각을 구하고 원뿔과 원기둥의 전개도를 그리세요.

Step 2 원뿔, 원기둥의 옆면의 넓이와 밑면의 넓이를 이용하여 〈보기〉 도형의 겉넓이를 구할 수 있는 공식을 적으세요.

Step 3 〈보기〉에 있는 도형의 겉넓이를 구하세요.

풀이

Step 1　원뿔의 전개도는 부채꼴 + 원이 나오게 되며 원기둥의 전개도는 직사각형 + 원 2개가 나오게 됩니다. 원뿔에서 밑면의 둘레는 $30 \times \pi$이고 옆면은 반지름 30인 원의 일부인 부채꼴입니다. 반지름이 30인 원의 둘레는 $60 \times \pi$이므로 부채꼴의 중심각은 180°입니다.

문제 해결 TIP

· 〈보기〉의 도형을 아래에서 보면 ◎ 모양으로 보이게 됩니다.

· 원뿔의 옆면은 부채꼴 모양입니다.

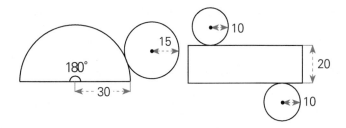

Step 2　원뿔과 원기둥이 맞닿아 있는 모습이므로 〈보기〉의 도형의 겉넓이는 다음과 같습니다.
〈보기〉 도형의 겉넓이 = (원뿔의 옆면의 넓이) + (원기둥의 옆면의 넓이) + (원뿔의 밑면의 넓이)

Step 3　원뿔의 옆면의 넓이 = 30 × 30 × 3.14 ÷ 2 = 1413
원기둥의 옆면의 넓이 = 가로 × 세로 = (20 × 3.14) × 20 = 1256
원뿔의 밑면의 넓이 = 15 × 15 × 3.14 = 706.5
〈보기〉 도형의 겉넓이 = 1413 + 1256 + 706.5 = 3375.5

정답 : 풀이과정 참고 / 풀이과정 참고 / 3375.5

확인하기

아래의 사각뿔의 옆면은 서로 합동인 이등변삼각형이고, 밑면은 이등변삼각형의 밑변을 한 변으로 하는 정사각형입니다. 이 사각뿔의 겉넓이를 구하세요.

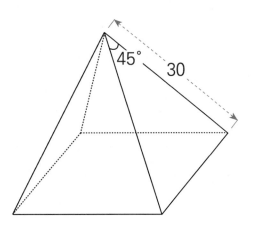

2. 입체도형의 부피

런던 탑 내 주얼리 하우스

여기가 주얼리 하우스 이구나.

왕관이 전시되어 있는 곳이지?

안쪽의 크라운 주얼 은 촬영 금지니까, 사진 찍으면 안돼.

정말?

와~

이 왕관 근사하다.

음?

저기 있는 보석 신기하게 생겼네?

※ 크라운 주얼 : 영국 왕의 대관식용 왕관과 장신구.

무우가 본 보석을 도형화 하면 아래 〈보기〉와 같습니다. 이 도형의 부피를 구하세요.

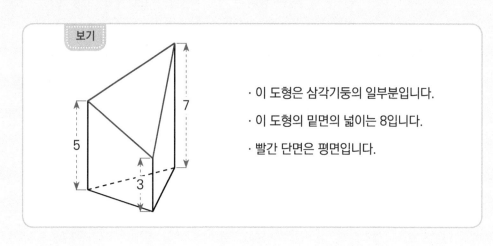

보기

7
5
3

· 이 도형은 삼각기둥의 일부분입니다.
· 이 도형의 밑면의 넓이는 8입니다.
· 빨간 단면은 평면입니다.

Step 1 ▌ 〈보기〉의 도형을 이용하여 만들 수 있는 삼각기둥을 생각하세요.

Step 2 ▌ Step 1 에서 구한 삼각기둥과 〈보기〉의 도형의 부피 관계를 생각하세요.

Step 3 ▌ 삼각기둥의 부피를 이용해서 〈보기〉 도형의 부피를 구하세요.

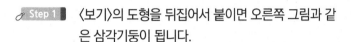

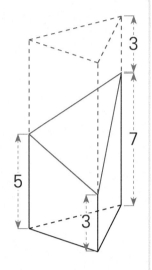

풀이

🔍 **Step 1** 〈보기〉의 도형을 뒤집어서 붙이면 오른쪽 그림과 같은 삼각기둥이 됩니다.

🔍 **Step 2** 이 삼각 기둥은 〈보기〉의 도형을 2개 붙여서 만든 도형이므로 〈보기〉의 도형의 부피는 이 삼각기둥 부피의 절반입니다.

문제 해결 TIP

· 해당 도형을 뒤집어서 원래 도형에 붙이면 삼각기둥이 됩니다.

🔍 **Step 3** 오른쪽 그림의 삼각기둥은 밑면의 넓이가 80이고 높이가 10인 삼각기둥입니다. 따라서 이 삼각기둥의 부피는 8 × 10 = 80입니다.

따라서 〈보기〉의 도형의 부피는 80 ÷ 2 = 40입니다.

정답 : 풀이과정 참고 / 80 / 40

확인하기 아래의 도형의 부피를 구하세요.

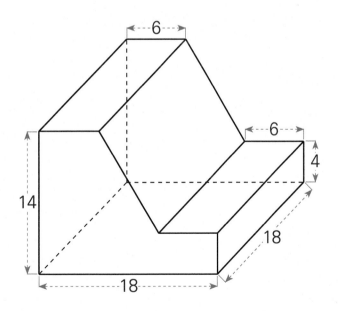

5 연습문제

01 아래와 같이 직육면체에서 높이 3cm인 직육면체를 잘라냈더니 남은 부분이 정육면체가 되었습니다. 이 정육면체의 겉넓이가 원래의 직육면체의 겉넓이보다 84cm²만큼 작았을 때, 원래의 직육면체의 부피를 구하세요.

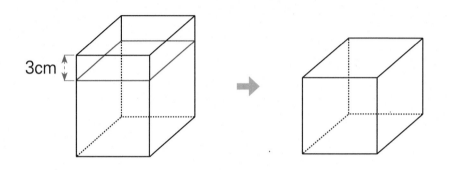

02 밑면의 반지름이 4cm, 높이가 10cm인 원기둥을 담을 수 있는 직육면체 모양의 상자를 만들려고 합니다. 이 원기둥을 담을 수 있는 직육면체 모양의 상자 중 가장 작은 직육면체 모양의 상자의 부피를 구하세요.

03 아래 그림과 같이 가로, 세로, 높이가 각각 10cm, 8cm, 12cm인 직육면체 모양의 나뭇조각을 깎아서 원뿔을 만들려고 합니다. 이 중 부피가 가장 큰 원뿔의 부피를 구하세요. (단, π는 3.14로 계산하며 결괏값은 소수점 아래 둘째 자리에서 반올림합니다.)

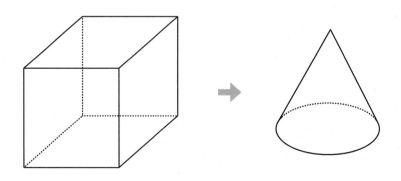

04   아래와 같이 세 변의 길이가 12cm, 16cm, 20cm인 직각삼각형 2개의 꼭짓점을 붙여서 만든 도형을 축 ①을 중심으로 회전시켜서 입체도형을 만들려고 합니다. 이 입체도형의 겉넓이를 구하세요. (단, π는 3.14로 계산하며 선분 ㄱㄴ과 선분 ㄷㄹ은 평행입니다.)

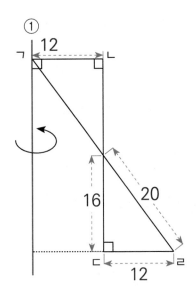

05   아래와 같이 원기둥의 양쪽을 같은 각도로 잘라서 만든 도형의 부피를 구하세요. (단, π는 3.14로 계산하며 단위는 cm입니다.)

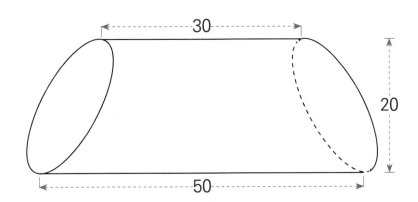

06 높이가 50cm인 원기둥의 옆면에 페인트를 칠하고 한 바퀴 굴렸을 때, 페인트가 묻은 부분의 넓이가 1256 cm²이었습니다. 이 원기둥을 녹여서 만든 높이가 16cm인 직육면체의 밑면의 넓이를 구하세요. (단, π는 3.14로 계산합니다.)

07 높이가 52cm인 병에 6L만큼의 물을 담으면 물의 높이가 28cm가 됩니다. 6L의 물이 들어있는 병을 뒤집었을 때, 물의 높이가 아래와 같이 38cm가 되었다면 이 병에는 총 몇 L의 물을 담을 수 있을지 적으세요.

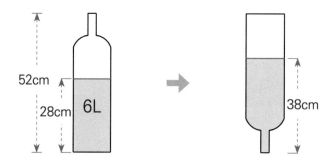

08 아래와 같이 밑면의 반지름이 6cm, 9cm이고 높이가 같은 원기둥 모양의 물통 A, B가 있습니다. 물통 A에 물을 가득 채워서 비어있는 물통 B에 전부 부었더니 물통 B에 담긴 물의 높이는 전체 높이의 $\frac{2}{3}$보다 2cm만큼 낮았습니다. 이 두 물통의 높이를 구하세요.

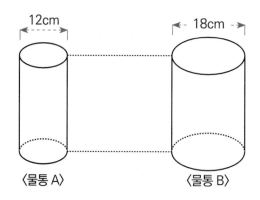

09 아래와 같이 한 변의 길이가 9cm인 정육면체의 각 면의 중앙에 한 변의 길이가 3cm인 정사각형 모양의 구멍을 내서 반대편까지 이어지도록 뚫었습니다. 이 입체도형의 겉넓이를 구하세요.

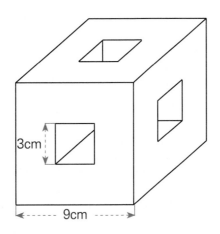

3cm

9cm

10 아래와 같이 가로, 세로의 길이가 40cm, 10cm인 직사각형을 이용해서 밑면과 윗면이 모두 없는 입체도형을 만들려고 할 때, 가장 부피가 큰 입체도형의 부피를 구하세요. (단, π는 3.14로 생각하며 결괏값은 소수점 아래 둘째 자리에서 반올림합니다.)

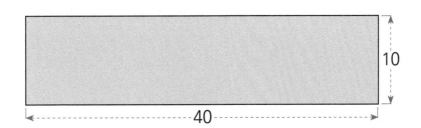

10

40

01

아래의 직각이등변삼각형과 직사각형을 붙여서 만든 도형을 축 ①, ②를 중심으로 회전시켜서 두 개의 입체도형을 만들려고 합니다. 두 입체도형의 부피의 차이를 구하세요. (단, π는 3.14로 계산하며 소수점 둘째 자리에서 반올림합니다.)

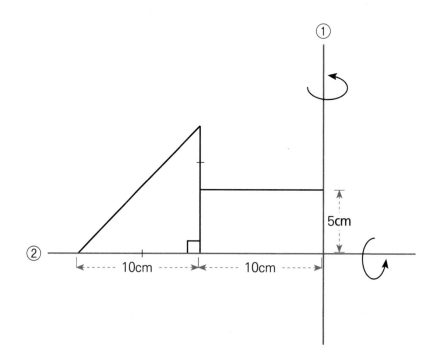

02 아래의 한 변의 길이가 8cm인 정삼각형을 축 ①을 중심으로 회전시켜서 만든 입체도형의 겉넓이를 구하세요. (단, π는 3.14로 계산합니다.)

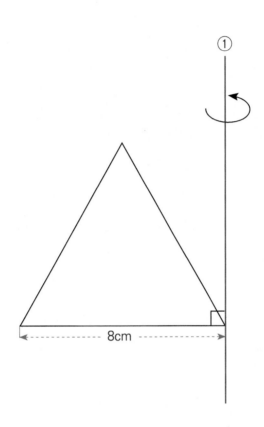

5 심화문제

03 아래의 한 변의 길이가 8cm인 정육면체를 점 ㄴ, ㅅ, ㅊ, ㅈ을 지나는 평면으로 잘라내려고 합니다. 점 ㅈ, ㅊ은 각각 선분 ㄱㄹ, ㄹㅇ의 중점일 때, 자른 후 점 ㅁ을 포함하는 도형의 부피를 구하세요. (단, 소수점 아래 둘째 자리에서 반올림합니다.)

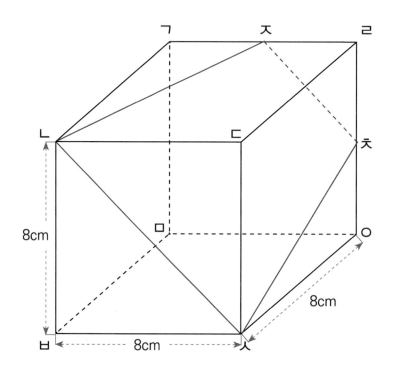

04 아래와 같이 한 변의 길이가 15cm인 정육면체를 밑면의 반지름의 길이가 1cm이고 높이가 같은 원기둥 모양의 관을 이용해서 구멍을 내려고 합니다. 최소 몇 개의 구멍을 뚫었을 때 구멍 뚫린 입체도형의 겉넓이가 원래 정육면체의 겉넓이의 2배 이상이 될지 구하세요. (단, π는 3.14로 계산하며 겹쳐서 뚫는 경우는 생각하지 않습니다.)

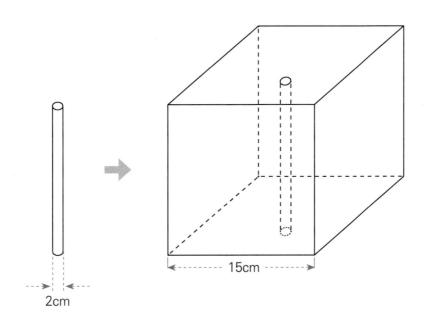

01 아래와 같이 밑면의 반지름의 길이가 8cm, 높이가 40cm인 원기둥 모양의 물통과 밑면의 반지름의 길이가 8cm, 높이가 120cm인 원뿔을 뒤집어놓은 모양의 물통에 매 분 같은 양의 물을 동시에 붓기 시작했습니다. 원기둥 모양의 물통에 높이가 5cm인 지점까지 물을 계속 붓는다면 원뿔을 뒤집어놓은 모양의 물통에는 높이가 A인 지점까지 물이 차게 됩니다. A를 구하세요. (단, π는 3.14로 계산합니다.)

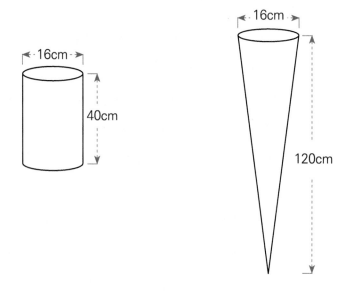

02

창의융합문제

상상이는 생일을 맞은 무우를 위해 아래와 같이 사각형에서 부채꼴 모양을 잘라서 고깔 모자를 만들었습니다. 상상이가 자른 직사각형에서 부채꼴 모양을 뺀 나머지 부분의 넓이를 구하세요. (단, π는 3.14로 계산하며 단위는 cm입니다.)

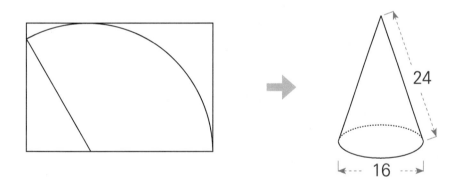

영국 런던에서 다섯째 날 모든 문제 끝!
수학여행을 마친 기분은 어떤가요?

무한상상

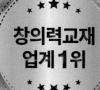

Imagine Infinite!

창의영재수학

아이앤아이

정답 및
풀이

고급
초등6~중등
B · 도형
영국 런던편

1. 입체도형의 성질

[정답] 가장 길 때: 142, 가장 짧을 때: 94

[풀이 과정]

① 직육면체의 모든 변의 길이의 합 = (가로 + 세로 + 높이) × 4 = (5 + 7 + 13) × 4 = 100

② 전개도의 둘레가 가장 길 때는 전개도에서 접히는 변의 길이의 합이 가장 작을 때 입니다.

전개도에서 둘레가 가장 길 때: 접히는 변의 길이가 5, 5, 5, 7, 7

전개도의 둘레 = {(직육면체의 모든 변의 길이의 합) – (전개도에서 접히는 변의 길이의 합)} × 2

= (100 – 29) × 2 = 142

③ 전개도의 둘레가 가장 짧을 때: 접히는 변의 둘레가 13, 13, 13, 7, 7

전개도의 둘레 : (100 – 53) × 2 = 94

[정답] (A + B) = (4, 6), (8, 3)

[풀이 과정]

① A각뿔 (A ≥ 3)의 면의 수는 A + 1, 모서리의 수는 2A입니다.

B각기둥 (B ≥ 3)의 면의 수는 B + 2, 모서리의 수는 3B입니다.

② 조건에 따라, (A + 1) + 2A + (B + 2) + 3B

= 3A + 4B + 3 = 39

3A + 4B = 36입니다.

③ 3A + 4B = 36이고, A, B ≥ 3이므로

(A, B) = (3, 9), (4, 8), (5, 7), (6, 6), (7, 5), (8, 4), (9, 3)입니다.

[정답] 288

[풀이 과정]

① 가로와 세로의 길이가 높이의 4배이고 높이가 8이므로 이 박스의 가로와 세로의 길이는 모두 32입니다.

② 피자박스를 포장할 때 소모되는 끈의 길이는 (가로 + 세로 + 높이) × 4입니다.

③ 따라서 소모되는 끈의 길이는 (32 + 32 + 8) × 4 = 288입니다. (정답)

[정답] 240

[풀이 과정]

① 크기가 같은 정육면체를 여러 개 쌓아서 만든 직육면체를 앞, 위, 옆에서 보았을 때 각각 정육면체가 60, 156, 65개씩 보입니다. 이 직육면체의 가로, 세로, 높이는 각각 몇 개의 정육면체로 이루어져 있는지 아래와 같이 파악합니다.

② 60 = 5 × 12, 156 = 12 × 13, 65 = 13 × 5입니다.

따라서 이 직육면체의 가로의 길이는 (정육면체의 한 변의 길이 × 12)와 같고 세로의 길이는 (정육면체의 한 변의 길이 × 13)과 같으며 높이는 (정육면체의 한 변의 길이 × 5)와 같습니다.

③ 정육면체의 모든 변의 길이의 합이 24이므로 이 정육면체의 한 변의 길이는 2입니다.

따라서 이 직육면체의 가로의 길이는 24, 세로의 길이는 26, 높이는 10입니다.

④ 따라서 이 직육면체의 둘레는 (24 + 26 + 10) × 4 = 240입니다. (정답)

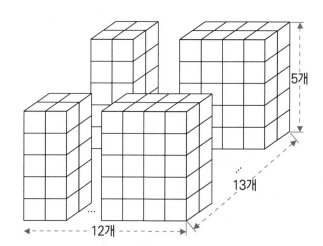

[정답] ㉣

[풀이 과정]

① 빈칸에 들어갈 기호와 방향을 잘 생각해서 문제를 해결합니다.

② 각각을 완성시켜보면 다음과 같습니다.

ⅰ. ㉠, ㉡, ㉢, ㉤을 완성시킨 모습

ii. ㄹ 을 완성시킨 모습 … ㉠, ㉡, ㉢, ㉣을 완성시킨 모습과 다릅니다.

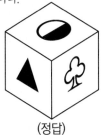

(정답)

연습문제   04 ·· P. 17

[정답] 풀이 과정 참조

[풀이 과정]

① (직육면체의 전개도의 둘레) = {(직육면체의 모든 변의 길이의 합) − (전개도에서 접히는 변의 길이의 합)} × 2이고 직육면체의 가로, 세로, 높이는 각각 15, 18 ,20입니다.

② 직육면체의 모든 변의 길이의 합은 (15 + 18 + 20) × 4 = 212이므로 전개도의 둘레가 가장 짧기 위해서는 (전개도에서 접히는 변의 길이의 합) 이 가장 커야 합니다.

③ 전개도에서 접히는 변은 총 5개이므로 이 길이의 합이 가장 커지기 위해선 길이가 18, 18, 20, 20, 20인 변이 전개도에서 접히는 변이 되어야 합니다.

④ 따라서 전개도의 둘레가 가장 짧을 때의 둘레의 길이는 (212 − 96) × 2 =232이고 전개도의 모양은 다음과 같습니다. (정답)

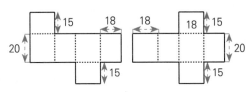

연습문제   05 ·· P. 17

[정답]

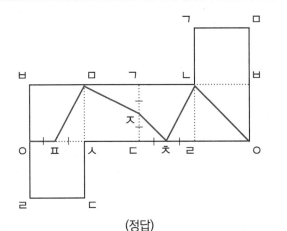

(정답)

연습문제   06 ·· P. 18

[정답] 32개

[풀이 과정]

① A 각기둥의 꼭지점의 수, 면의 수, 변의 수는 다음과 같습니다.
꼭지점의 수 = 2 × A, 면의 수 = 2 + A, 변의 수 = 3 × A
따라서 이들의 총합은 6 × A + 2입니다.

② B 각뿔의 꼭지점의 수, 면의 수, 변의 수는 다음과 같습니다.
꼭지점의 수 = 1 + B, 면의 수 = 1 + B, 변의 수 = 2 × B
따라서 이들의 총합은 4 × B + 2입니다.

③ 3 × A = 2 × B가 되어야 하고 A와 B는 3보다 크거나 같아야 하므로 이를 만족하는 (A, B)는 다음과 같습니다.
➡ (A, B) = (4, 6), (6, 9), (8, 12), ⋯ , (66, 99)

④ 따라서 100보다 작으면서 조건을 만족하는 순서쌍 (A, B)의 개수는 총 32개입니다. (정답)

연습문제   07 ·· P. 18

[정답] 정사면체, 정육면체, 정십이면체

[풀이 과정]

① 정다면체의 꼭지점의 수, 면의 수, 변의 수는 다음과 같습니다.

	면의 모양	꼭지점의 수	면의 수	모서리의 수
정사면체	정삼각형	4	4	6
정육면체	정사각형	8	6	12
정팔면체	정삼각형	6	8	12
정십이면체	정오각형	20	12	30
정이십면체	정삼각형	12	20	30

② 따라서 문제의 조건을 만족하는 정다면체는 정사면체, 정육면체, 정십이면체입니다. (정답)

연습문제 **08** ·················· P. 18

[정답] 25

[풀이 과정]

① 아래 그림은 삼각뿔을 절반 자른 모습과 삼각기둥을 절반 자른 모습입니다.

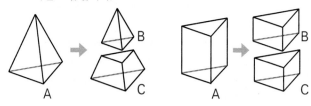

② 높이의 절반에서 자르면 잘라진 단면에서 새로운 면의 개수가 2개가 생기고 옆면의 개수가 2배가 됩니다.
따라서 각뿔을 자르면 잘라진 두 입체도형의 면의 수의 합이 홀수이고 각기둥을 자르면 잘라진 두 입체도형의 면의 수의 합이 짝수입니다.
문제에서는 두 입체도형의 면의 수의 합이 19개라고 했으므로 어떤 입체도형 A는 각뿔입니다.

③ 삼각뿔을 자르면 두 입체도형의 면의 수의 합이 9이고 옆면의 수를 하나씩 늘려, 사각뿔, 오각뿔, …을 자르면 잘라진 두 입체도형의 면의 수의 합이 11, 13, …과 같이 변하게 됩니다.
따라서 잘라진 두 입체도형의 면의 수의 합이 19가 되기 위해선 팔각뿔을 잘라야 합니다.

④ 팔각뿔의 높이의 절반을 자르면 잘라진 두 입체도형은 팔각뿔과 팔각기둥입니다.
따라서 팔각뿔의 꼭지점의 수는 9이고 팔각기둥의 꼭지점의 수는 16이므로 두 입체도형의 꼭지점의 수의 합은 25입니다. (정답)

연습문제 **09** ·················· P. 19

[정답] 64개

[풀이 과정]

① 정육면체를 단면이 정육각형이 되도록 자르면 아래와 같은 동일한 입체도형 2개가 나오게 됩니다.

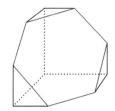

② 이 입체도형의 면의 수는 7개, 꼭지점의 수는 10개, 변의 수는 15개입니다.

③ 따라서 두 입체도형의 면의 수, 꼭지점의 수, 변의 수의 총합은 (7 + 10 + 15) × 2 =64개입니다. (정답)

연습문제 **10** ·················· P. 19

[정답]

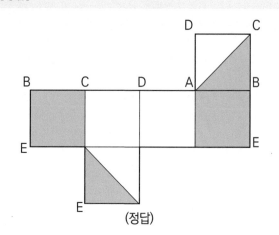

(정답)

심화문제 **01** ·················· P. 20

[정답] 182

[풀이 과정]

① 정이십면체의 꼭지점, 면, 모서리의 개수는 다음과 같습니다.
꼭지점의 개수 : 12개, 면의 개수 : 20개,
모서리의 개수 : 30개

② 꼭지점을 1개 자를 때마다 꼭지점은 4개, 면은 1개, 모서리는 5개씩 늘어납니다.

③ 따라서 정이십면체의 꼭지점 12개를 모두 자르면 각각의 개수는 다음과 같습니다.
꼭지점의 개수 : 60개, 면의 개수 : 32개,
모서리의 개수 : 90개

④ 따라서 최종적으로 만들어지는 도형의 꼭지점, 면, 변의 수의 총합은 60 + 32 + 90 = 182입니다. (정답)

[정답] 28

[풀이 과정]

① 정사면체를 펼친 모양은 다음과 같습니다.

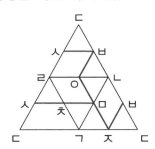

② 빨간색으로 이어진 선분은 모두 정사면체의 한 면 정삼각형의 중점을 이어서 만든 선분입니다.

③ 정사면체의 한 면은 정삼각형이고 이 정삼각형의 한 변의 길이는 8입니다.

④ 정삼각형에서 각 변의 중점을 이어 작은 정삼각형을 만들면 닮음비가 2 : 1이므로 기호와 기호를 잇는 빨간색 선분 하나의 길이는 정삼각형의 한 변의 길이 8의 절반인 4입니다.

④ 따라서 빨간색으로 이은 선분의 총 길이는 4 × 7 = 28입니다. (정답)

[정답] 선분 ㅊㅋ과 만나는 선분 – 선분 ㅍㅎ /
꼭지점 ㄷ과 만나는 꼭지점 – ㄴ, ㅅ

[풀이 과정]

①

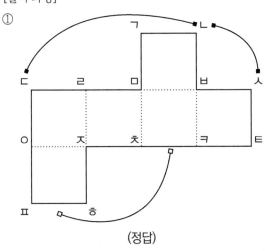

(정답)

[정답] 풀이 과정 참조

[풀이 과정]

① 정다면체는 모든 면이 모양과 크기가 같은 정다각형으로 이루어져야 합니다. 또한 하나의 꼭짓점에서는 최소 세 개의 면이 만나야 하며 각 꼭짓점에서 모이는 면의 개수가 같아야 합니다.

② 정다면체의 한 내각의 크기는 다음과 같습니다.
정삼각형의 한 내각의 크기 = 60°
정사각형의 한 내각의 크기 = 90°
정오각형의 한 내각의 크기 = 108°
정육각형의 한 내각의 크기 = 120°
⋮
정 칠각형 이후로는 한 내각의 크기가 120°보다 커지게 됩니다.

③ 정육각형의 한 내각의 크기는 120°이므로 하나의 꼭짓점에서 정육각형이 3개 만나면 내각의 합이 360°가 되어서 평면이 되어버리게 됩니다.

④ 따라서 정육각형보다 각의 개수가 많은 정다각형은 하나의 꼭짓점에서 3개 이상 만나서 입체도형을 이룰 수 없습니다.

⑤ 따라서 정다면체를 만들 수 있는 정다각형은 정삼각형, 정사각형, 정오각형뿐입니다. (정답)

[정답] 40, 42, 44, 46, 56, 58

[풀이 과정]

① 정육면체를 하나의 평면으로 자르면 잘라진 단면은 삼각형, 사각형, 오각형, 육각형 중 하나입니다.

② 단면이 삼각형인 경우는 대표적으로 아래와 같이 4가지 경우가 있습니다.

i. ii. iii. iv.

i.의 경우 잘라진 두 입체도형은 다음과 같습니다.

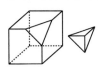

두 입체도형의 면의 수의 합 = 7 + 4 = 11
두 입체도형의 변의 수의 합 = 15 + 6 = 21
두 입체도형의 꼭지점의 수의 합 = 10 + 4 = 14
따라서 두 입체도형의 면의 수, 변의 수, 꼭지점의 수를 모두 더한 값은
11 + 21 + 14 = 46입니다.

ⅱ.의 경우 잘라진 두 입체도형은 다음과 같습니다.

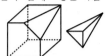

두 입체도형의 면의 수의 합 = 7 + 4 = 11
두 입체도형의 변의 수의 합 = 14 + 6 = 20
두 입체도형의 꼭지점의 수의 합 = 9 + 4 = 13
따라서 두 입체도형의 면의 수, 변의 수, 꼭지점의 수를 모두 더한 값은
11 + 20 + 13 = 44입니다.

ⅲ.의 경우 잘라진 두 입체도형은 다음과 같습니다.

두 입체도형의 면의 수의 합 = 7 + 4 = 11
두 입체도형의 변의 수의 합 = 13 + 6 = 19
두 입체도형의 꼭지점의 수의 합 = 8 + 4 = 12
따라서 두 입체도형의 면의 수, 변의 수, 꼭지점의 수를 모두 더한 값은
11 + 19 + 12 = 42입니다.

ⅳ.의 경우 잘라진 두 입체도형은 다음과 같습니다.

두 입체도형의 면의 수의 합 = 7 + 4 = 11
두 입체도형의 변의 수의 합 = 12 + 6 = 18
두 입체도형의 꼭지점의 수의 합 = 7 + 4 = 11
따라서 두 입체도형의 면의 수, 변의 수, 꼭지점의 수를 모두 더한 값은
11 + 18 + 11 = 40입니다.
따라서 잘라진 단면이 삼각형일때, 자른 후 두 입체도형의 면의 수, 변의 수, 꼭지점의 수를 모두 더한 값은 40, 42, 44, 46입니다.

③ 단면이 오각형인 경우는 대표적으로 아래와 같이 2가지 경우가 있습니다.

ⅰ. 　　ⅱ.

ⅰ.의 경우 잘라진 두 입체도형은 다음과 같습니다.

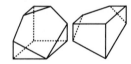

두 입체도형의 면의 수의 합 = 7 + 6 = 13
두 입체도형의 변의 수의 합 = 14 + 12 = 26
두 입체도형의 꼭지점의 수의 합 = 9 + 8 = 17
따라서 두 입체도형의 면의 수, 변의 수, 꼭지점의 수를 모두 더한 값은
13 + 26 + 17 = 56입니다.

ⅱ.의 경우 잘라진 두 입체도형은 다음과 같습니다.

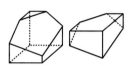

두 입체도형의 면의 수의 합 = 7 + 6 = 13
두 입체도형의 변의 수의 합 = 15 + 12 = 27
두 입체도형의 꼭지점의 수의 합 = 10 + 8 = 18
따라서 두 입체도형의 면의 수, 변의 수, 꼭지점의 수를 모두 더한 값은
13 + 27 + 18 = 58입니다.
따라서 잘라진 단면이 오각형일때, 자른 후 두 입체도형의 면의 수, 변의 수, 꼭지점의 수를 모두 더한 값은 56, 58입니다.

④ 따라서 단면이 삼각형 또는 오각형이 되도록 잘라 두 입체도형을 만들면 두 입체도형의 면의 수, 변의 수, 꼭지점의 수를 모두 더한 값은 40, 42, 44, 46, 56, 58로 총 6가지입니다. (정답)

창의적문제해결수학　02　·················· P. 25

[정답] 48가지

[풀이 과정]

① 4명이 그린 각 입체도형의 (면의 수 + 변의 수 + 꼭지점의 수)가 모두 같은 경우는 아래의 2가지 경우입니다.
　ⅰ. (정육면체, 정팔면체, 육각뿔, 사각기둥)은 (면의 수 + 변의 수 + 꼭지점의 수) 가 26입니다.
　ⅱ. (정십이면체, 정이십면체, 십오각뿔, 십각기둥)은 (면의 수 + 변의 수 + 꼭지점의 수)가 62입니다.

② 4명이 각각 (정육면체, 정팔면체, 육각뿔, 사각기둥)을 그린 경우
　4명이 서로 다른 4개의 입체도형을 선택하는 경우의 수는
　4 ! = 4 × 3 × 2 × 1 = 24 가지 입니다.

③ 4명이 각각 (정십이면체, 정이십면체, 십오각뿔, 십각기둥) 을 그린 경우
　위와 마찬가지로 선택하는 경우의 수는
　4 ! = 4 × 3 × 2 × 1 = 24가지입니다.

④ 따라서 4명이 그린 각 입체도형의 (면의 수 + 변의 수 + 꼭지점의 수)가 모두 같은 경우는 48가지입니다. (정답)

	면의 모양	꼭지점의 수	면의 수	모서리의 수
정사면체	정삼각형	4	4	6
정육면체	정사각형	8	6	12
정팔면체	정삼각형	6	8	12
정십이면체	정오각형	20	12	30
정이십면체	정삼각형	12	20	30

2. 쌓기나무

[정답] 최소 개수 16개, 최대 개수 18개

[풀이 과정]
① 이 입체도형을 위에서 본 모양의 앞, 오른쪽의 각 줄에 보여
야 하는 쌓기나무의 개수를 적습니다.

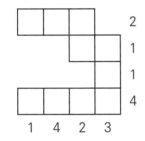

② 위에서 본 모양에서 쌓기나무의 개수가 정해진 칸을 찾아
알맞은 수를 적습니다.

1	A	2		2
		1	1	1
			1	1
1	4	B	3	4
1	4	2	3	

③ ②그림의 A, B에는 각각 1 ~ 2개의 쌓기나무가 쌓여 있을
수 있습니다.
④ 따라서 입체도형을 만들기 위한 쌓기나무의 최소 개수는
16개, 쌓기나무의 최대 개수는 18개입니다.

[정답] 페인트가 묻지 않은 쌓기나무 : 8개
2면에 페인트가 칠해진 쌓기나무 : 33개

[풀이 과정]
① 3면에 페인트가 칠해진 쌓기나무는 10개입니다. (빨간색)
② 2면에 페인트가 칠해진 쌓기는 33개입니다. (파란색)(정답)
③ 1면에 페인트가 칠해진 쌓기나무는 30개입니다. (흰색)
④ 전체 쌓기나무 개수는 3 × 3 × 3 + 3 × 6 × 3 = 81개입
니다.
⑤ 따라서 페인트가 칠해지지 않은 쌓기나무는
81 - 10 - 33 - 30 = 8개입니다. (정답)

[정답] 216개

[풀이 과정]
① 쌓기나무를 쌓아 N × N × N 정육면체 모양의 입체도형을 만
들었다고 생각합니다.
② 이 정육면체의 모든 겉면에 색을 칠하면 2개의 면에 색이 칠해
져 있는 쌓기나무는 모서리의 개수(12개)와 관계가 있습니다.
③ 2개의 면에 색이 칠해져 있는 쌓기나무의 개수는
12 × (N - 2) 개입니다.
④ 12 × (N - 2) = 72이므로 N = 8입니다.
⑤ 1개의 면에만 색이 칠해져 있는 쌓기나무의 개수는 면의 개수
(6개)와 관계 있습니다.
6 × (N - 2) × (N - 2) 개입니다.
⑥ 따라서 1개의 면에만 색이 칠해져 있는 쌓기나무의 개수는
6 × 6 × 6 = 216개입니다. (정답)

정답 및 풀이

연습문제 02 .... P. 34

[정답] 45개, 37개

[풀이 과정]

① 입체도형 위에 쌓기나무를 추가적으로 쌓는 방법은 면이 1개가 맞닿게 쌓는 방법, 2개가 맞닿게 쌓는 방법, 3개가 맞닿게 쌓는 방법이 있습니다.

② 1면이 맞닿게 쌓으면 면은 4개가 늘어나고 2면이 맞닿게 쌓으면 면은 2개가 늘어나며, 3면이 맞닿게 쌓으면 면의 개수는 그대로입니다.

③ 원래 입체도형의 면이 37개(밑면 제외)이므로 추가적으로 2개의 쌓기나무를 쌓는다면 색이 입혀지는 면의 최대 개수는 45개, 최소 개수는 37개입니다. (정답)

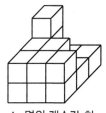 

▲ 면의 개수가 최
소가 되도록 쌓
은 예시

▲ 면의 개수가 최
대가 되도록 쌓
은 예시

연습문제 03 .... P. 34

[정답] 4개

[풀이 과정]

① 완성된 입체도형은 아래 그림과 같습니다.

② 따라서 2개의 면에 색이 칠해진 쌓기나무는 4개입니다.

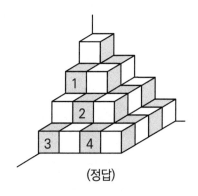

(정답)

연습문제 04 .... P. 35

[정답] 최소 15개, 최대 20개

[풀이 과정]

① 입체도형을 위에서 본 모양의 각 줄에 앞, 오른쪽에서 볼 때 보이는 쌓기나무의 개수를 적으면 다음과 같습니다.

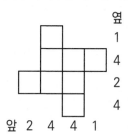

② 입체도형을 위에서 본 모양의 각 칸의 개수가 확정된 칸을 찾아 수를 적으면 다음과 같습니다.

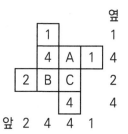

③ 숫자가 확정되지 않은 A, B, C에 들어갈 수 있는 쌓기나무의 개수는 다음과 같습니다.
A = 1 ~ 4, B = 1 ~ 2, C = 1 ~ 2

④ 따라서 이 입체도형을 만들기 위한 쌓기나무의 최대 개수는 20개, 최소 개수는 15개입니다. (정답)

연습문제 05 .... P. 35

[정답] 729개

[풀이 과정]

① 쌓기나무를 이용해 N × N × N 정육면체 모양을 만들어서 모든 면을 칠하면 각 쌓기나무의 개수는 다음과 같습니다.
한 면에도 색이 칠해져 있지 않은 쌓기나무 개수
: (N − 2) × (N − 2) × (N − 2)
한 면에 색이 칠해져 있는 쌓기나무 개수
: 6 × (N − 2) × (N − 2)
두 면에 색이 칠해져 있는 쌓기나무 개수 : 12 × (N − 2)
세 면에 색이 칠해져 있는 쌓기나무 개수 : 8

② 따라서 문제의 조건을 만족하기 위한 식은 다음과 같습니다.
(N − 2) × (N − 2) × (N − 2) > 6 × (N − 2) × (N − 2)

③ 따라서 (N − 2) > 6이므로 N > 8입니다.
따라서 쌓기나무의 개수가 최소가 되는 N = 9입니다.

④ 따라서 조건을 만족하는 쌓기나무의 최소 개수는
9 × 9 × 9 = 729개입니다. (정답)

[정답] 112

[풀이 과정]

① 겉넓이가 가장 작게 쌓기 위해서는 아래 그림과 같이 서로 맞닿는 면이 가장 많게 쌓아야 합니다.

② 이 경우 겉넓이는 (한 면의 넓이) × (면의 개수)
　= 4 × 28 = 112입니다. (정답)

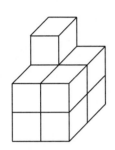

▲ 겉넓이가 최소인
　입체도형 예시

[정답] 13개

[풀이 과정]

① 잘라진 단면을 보면 아래 그림과 같이 잘린 단면이 총 16개임을 확인할 수 있습니다.

② 이 중 꼭지점을 포함하며 잘린 쌓기나무는 흰색 쌓기나무이므로 잘라진 노란색 쌓기나무는 총 16 − 3 = 13개입니다. (정답)

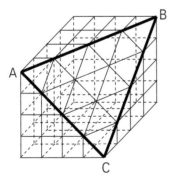

[정답] 최소 42개, 최대 46개

[풀이 과정]

① 입체도형을 위에서 본 모양의 각 줄에 앞, 오른쪽에서 볼 때 보이는 쌓기나무의 개수를 적으면 다음과 같습니다.

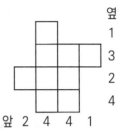

② 입체도형을 위에서 본 모양의 각 칸의 개수가 확정된 칸을 찾아 수를 적으면 다음과 같습니다.

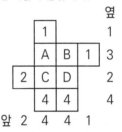

③ 숫자가 확정되지 않은 A, B, C, D에 들어갈 수는 다음과 같습니다.
　A와 B에는 1 ~ 3이 들어갈 수 있고 둘 중 적어도 하나는 3이 들어가야 합니다.
　C와 D에는 1 ~ 2 가 들어갈 수 있습니다.

④ 따라서 이 입체도형을 만들기 위한 쌓기나무의 최대 개수는 22개, 최소 개수는 18개입니다.

⑤ 4 × 4 × 4 정육면체를 만들기 위해선 쌓기나무는 64개가 필요합니다.
　따라서 이 입체도형에 쌓기나무를 쌓아 4 × 4 × 4 정육면체를 만들기 위해 필요한 쌓기나무는 최소 42개, 최대 46개가 있어야 합니다. (정답)

연습문제 **09** ⋯⋯⋯⋯⋯⋯⋯⋯⋯ P. 37

[정답] 4

[풀이 과정]

① 입체도형을 위에서 본 모양의 각 줄에 앞, 오른쪽에서 볼 때 보이는 쌓기나무의 개수를 적으면 다음과 같습니다.

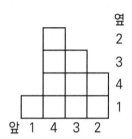

② 입체도형을 위에서 본 모양의 각 칸의 개수가 확정된 칸을 찾아 수를 적으면 다음과 같습니다.

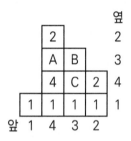

③ 숫자가 확정되지 않은 A, B, C에 들어갈 수는 다음과 같습니다. A, B, C에는 1 ~ 3까지의 수가 들어갈 수 있습니다. 단, B가 3이 아니라면 A와 C는 반드시 3이어야 하며 B가 3이라면 A와 C는 1 ~ 3 중 아무 수가 들어가도 무관합니다.

④ 따라서 이 입체도형을 만들기 위한 쌓기나무의 최대 개수는 21개(A, B, C가 각각 3일 때), 최소 개수는 17개 (B = 3이고, A, C = 1일 때)입니다.

⑤ 따라서 이 입체도형은 쌓기나무 21개를 이용해서 만들어진 입체도형이므로 A, B, C가 각각 3개로 채워져 있습니다. 따라서 A, B, C 중 최대 4개를 빼더라도 앞, 위, 오른쪽에서 본 모양은 변하지 않을 수 있습니다. (정답)

연습문제 **10** ⋯⋯⋯⋯⋯⋯⋯⋯⋯ P. 37

[정답] 9개

[풀이 과정]

① 노란색으로 표시된 쌓기나무의 밑에 있는 3개의 쌓기나무는 보이지 않습니다.

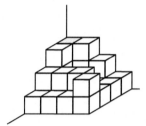

② 노란색으로 표시된 쌓기나무의 밑에 있는 1개의 쌓기나무는 보이지 않습니다.

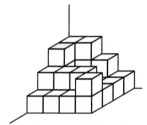

③ 노란색으로 표시된 쌓기나무의 밑에 있는 1개의 쌓기나무는 보이지 않습니다.

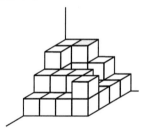

④ 노란색으로 표시된 쌓기나무의 밑에 있는 1개의 쌓기나무는 보이지 않습니다.

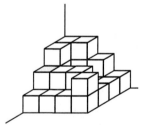

⑤ 노란색으로 표시된 쌓기나무의 밑에 있는 1개의 쌓기나무는 보이지 않습니다.

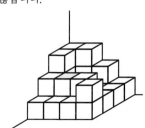

⑥ 노란색으로 표시된 쌓기나무의 밑에 있는 1개의 쌓기나무는 보이지 않습니다.

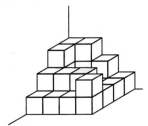

⑦ A줄의 왼쪽으로부터 두번째 칸에 쌓기나무가 존재한다면 이 쌓기나무도 이 각도에서는 보이지 않는 쌓기나무입니다.

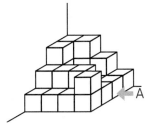

⑧ 따라서 ① ~ ⑦에 따라 이 각도에서 보이지 않는 쌓기나무의 최대 개수는 9개입니다. (정답)

심화문제 **01** ·· P. 38

[정답] 최소 24개, 최대 33개

[풀이 과정]

① 입체도형을 위에서 본 모양의 각 줄에 앞, 오른쪽에서 볼 때 보이는 쌓기나무의 개수를 적으면 다음과 같습니다.

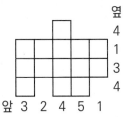

옆
4
1
3
4

앞 3 2 4 5 1

② 입체도형을 위에서 본 모양의 각 칸의 개수가 확정된 칸을 찾아 수를 적으면 다음과 같습니다.

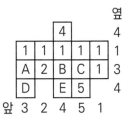

			4			옆 4
1	1	1	1	1	1	1
A	2	B	C	1		3
D			E	5		4

앞 3 2 4 5 1

③ 숫자가 확정되지 않은 A, B, C, D, E에 들어갈 수는 다음과 같습니다.
   A, B, C에는 1 ~ 3 중 하나의 수가 들어갈 수 있으며 셋 중 적어도 하나는 3이어야 합니다.
   D에는 1 ~ 3 중 하나의 수가 들어갈 수 있으며 A가 3이 아니라면 D는 3입니다.

E에는 1 ~ 4 중 하나의 수가 들어갈 수 있습니다.

④ 따라서 이 입체도형을 만들기 위한 쌓기나무의 최대 개수는 (A, B, C, D, E) = (3, 3, 3, 3, 4)일 때, 33개, 최소 개수는 (A, B, C, D, E) = (3, 1, 1, 1, 1)일 때, 24개입니다. (정답)

심화문제 **02** ·· P. 39

[정답] 풀이 과정 참조

[풀이 과정]

① 입체도형을 위에서 본 모양의 각 줄에 앞에서 볼 때 보이는 쌓기나무의 개수를 적으면 다음과 같습니다.

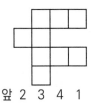

앞 2 3 4 1

② 입체도형을 위에서 본 모양의 각 칸의 개수가 확정된 칸을 찾아 수를 적으면 다음과 같습니다.

A	B	1
2	C	
D	E	1
F		

앞 2 3 4 1

③ 숫자가 확정되지 않은 A, B, C, D, E, F에 들어갈 수 있는 수는 다음과 같습니다.
   A, C, D, F에는 1 ~ 3 중 하나의 수가 들어갈 수 있고 넷 중 적어도 하나는 3입니다.
   B, E에는 1 ~ 4 중 하나의 수가 들어갈 수 있고 둘 중 적어도 하나는 4입니다.

④ 따라서 오른쪽에서 본 모양으로 가능한 모양들은 아래와 같습니다.
   ⅰ. (A, B, C, D, E, F) = (3, 4, 1, 1, 1, 1)인 경우

   ⅱ. (A, B, C, D, E, F) = (3, 4, 1, 2, 1, 1)인 경우

iii. (A, B, C, D, E, F) = (3, 4, 1, 1, 1, 2)인 경우

iv. (A, B, C, D, E, F) = (3, 1, 1, 1, 4, 1)인 경우

⑤ 정답은 이외에도 많습니다.

심화문제 03 ······ P. 40

[정답] 풀이 과정 참조

[풀이 과정]

① 각 입체도형을 만들 때 필요한 쌓기나무의 최소, 최대 개수를 생각해서 18개의 쌓기나무로 만들 수 있는지 여부를 따져서 문제를 해결하도록 합니다.

② 정답은 이외에도 많습니다.

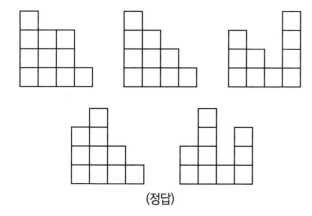

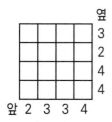

(정답)

심화문제 04 ······ P. 41

[정답] 4

[풀이 과정]

① 입체도형을 위에서 본 모양의 각 줄에 앞, 오른쪽에서 볼 때 보이는 쌓기나무의 개수를 적으면 다음과 같습니다.

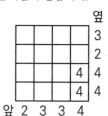

② 입체도형을 위에서 본 모양의 각 칸의 개수가 확정된 칸을 찾아 수를 적으면 다음과 같습니다.

				옆
				3
				2
		4		4
		4		4

앞 2 3 3 4

③ A 개의 쌓기나무를 추가로 쌓아서 앞, 오른쪽에서 본 모양이 모두 위에서 본 모양과 같아지게 해야 하고 이때 A의 최솟값을 구해야 하므로 확정되지 않은 칸은 모두 최대 개수의 쌓기나무가 쌓아져 있다고 생각합니다.

④ 따라서 각 칸의 개수는 아래와 같습니다.

				옆
2	B	3	3	3
A	2	2	2	2
2	3	C	4	4
2	3	3	4	4

앞 2 3 3 4

⑤ 따라서 최소 개수의 쌓기나무를 쌓아서 앞, 오른쪽에서 본 모양이 위에서 본 모양과 같게 만들기 위한 방법은 다음과 같습니다.

ⅰ. 위에서 본 그림의 A 칸에 2개의 쌓기나무를 쌓습니다.

ⅱ. 위에서 본 그림의 B 칸에 첫 번째 칸에 1개의 쌓기나무를 쌓습니다.

ⅲ. 위에서 본 그림의 C 칸에 1개의 쌓기나무를 쌓습니다.

2	4	3	3
4	2	2	2
2	3	4	4
2	3	3	4

⑥ 따라서 A의 최솟값은 4입니다. (정답)

창의적문제해결수학 01 ······ P. 42

[정답] 54개

[풀이 과정]

① 1층에는 16개의 쌓기나무가 4 × 4 모양으로 배치되어 있습니다. 따라서 이 16개의 쌓기나무끼리 면이 맞닿는 부분은 24개입니다.

② 2층에는 9개의 쌓기나무가 3 × 3 모양으로 배치되어 있습니다.
따라서 이 9개의 쌓기나무끼리 면이 맞닿는 부분은 12개입니다.

③ 3층에는 4개의 쌓기나무가 2 × 2 모양으로 배치되어 있습니다.
   따라서 이 4개의 쌓기나무끼리 면이 맞닿는 부분은 4개입니다.

④ 1층의 쌓기나무와 2층의 쌓기나무가 맞닿는 부분은 9개입니다.

⑤ 2층의 쌓기나무와 3층의 쌓기나무가 맞닿는 부분은 4개입니다.

⑥ 3층의 쌓기나무와 4층의 쌓기나무가 맞닿는 부분은 1개입니다.

⑦ 따라서 양면테이프를 이용해 이와 같은 모양으로 쌓기나무를 쌓기 위해서는 총 24 + 12 + 4 + 9 + 4 + 1 = 54개가 필요합니다. (정답)

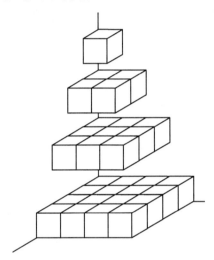

창의적문제해결수학 **02** ·········· P. 43

[정답] 22유로

[풀이 과정]

① 입체도형을 위에서 본 모양의 각 줄에 앞, 오른쪽에서 볼 때 보이는 쌓기나무의 개수를 적으면 다음과 같습니다.

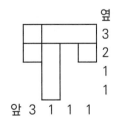

② 확정된 도형을 적어보면 다음과 같습니다.

③ 앞, 오른쪽에서 본 모양을 토대로 나머지 두 칸 ●, ○에 대해 생각합니다.

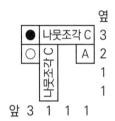

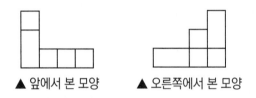

▲ 앞에서 본 모양   ▲ 오른쪽에서 본 모양

④ 이를 만족하기 위해선 ●에는 나뭇조각 C가 세워져 있어야 하고 ○에는 나뭇조각 B가 세워져 있거나 ●에 나무조각 A 위에 나뭇조각 B가 세워져 있고, ○에는 나뭇조각 B가 세워져 있어야 합니다. 완성된 도형은 다음과 같습니다.

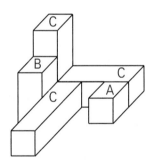

▲ 만들려고 하는 입체도형

⑤ 따라서 최소 비용으로 이 입체도형을 만들기 위해서는 나뭇조각 A가 1개, 나무조각 B가 1개, 나무조각 C가 3개 이용해서 만들어야 합니다.
   따라서 필요한 나뭇조각을 사기 위해선
   3 + 4 + 3 × 5 = 22유로가 필요합니다. (정답)

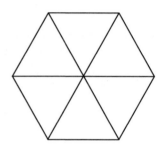
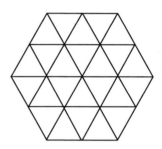
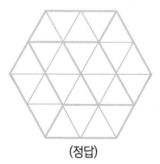

3. 도형 나누기

대표문제1 확인하기 1 ·· P. 49

[정답] 풀이 과정 참조

[풀이 과정]

① 4등분하여 A, B, C가 한 개씩 포함되므로 서로 붙어있는 문자를 분리하는 보조선을 그려야 합니다.

			C		
					C
B	B	A	A		
			A	A	B
	C				B
		C			

② 이 도형을 앞, 뒤, 좌우에서 봤을 때 나누어진 모습이 같기 위해서 90°씩 돌리면서 같은 모양의 보조선을 추가하면 다음 그림과 같습니다.

			C		
					C
B	B	A	A		
			A	A	B
	C				B
		C			

③ 선을 이어 각 조각에 A, B, C가 한개씩만 포함되도록 같은 모양으로 분리합니다.

			C		
					C
B	B	A	A		
			A	A	B
	C				B
		C			

(정답)

대표문제2 확인하기 ·· P. 51

[정답] 풀이 과정 참조

[풀이 과정]

① 삼각형 2개를 붙이면 사각형이 되므로 정육각형을 먼저 크기가 같은 여러개의 삼각형으로 나눕니다.

② 한번 더 나눕니다.

③ 위 그림은 삼각형이 24개이므로 4개의 삼각형으로 이루어진 사각형을 그려 나눕니다.

(정답)

[정답] 풀이 과정 참조

[풀이 과정]

① 다음과 같이 나누어 봅니다.

② 하지만 위와 같은 모습은 각 삼각형이 서로 뒤집어야 같은 모습이므로 같은 모양이라고 보지 않습니다.

③ 정육각형을 24등분하여 각 조각 2개씩을 붙여 12등분 합니다.

(정답)

[정답] 풀이 과정 참조

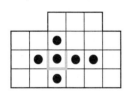

[풀이 과정]

① 하나의 도형에 ●가 2개씩 들어가도록 위 그림과 같이 ● 와 ● 사이에 적당한 보조선을 긋습니다. 이 도형은 21칸짜리 도형이므로 3등분하면 나누어진 도형은 7칸짜리 도형입니다.

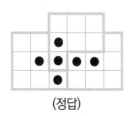

(정답)

[정답] 6가지

[풀이 과정]

4 × 4 정사각형을 2등분하는 방법은 아래와 같은 6가지 방법이 있습니다.

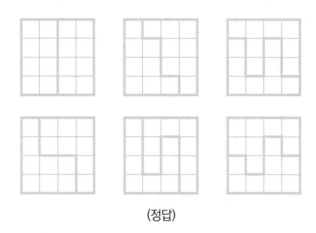

(정답)

[정답] 풀이 과정 참조

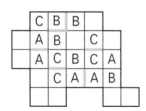

[풀이 과정]

① 전체는 25칸짜리 도형이므로 나누어진 각 도형은 5칸짜리 도형입니다.

서로 같은 문자 사이에 보조선을 추가하면 위 그림과 같습니다.

② 5칸씩 들어 가도록 선을 그어서 나누면 다음 그림과 같습니다.

(정답)

[정답] 풀이 과정 참조

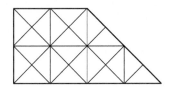

[풀이 과정]

① 위 그림과 같이 4의 배수 개수의 작은 단위 조각들로 쪼개서 생각합니다.

② 작은 단위 조각 24개로 이루어진 도형이므로 아래와 같이 나누어진 각 도형은 작은 단위 조각 6개로 이루어진 도형입니다.

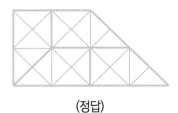

(정답)

[정답] 풀이 과정 참조

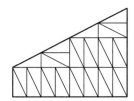

[풀이 과정]

① 사다리꼴을 2등분하면 나누어지는 한 조각은 작은 단위 정사각형 4개의 크기와 같습니다.

② 작은 단위 정사각형을 위 그림과 같이 4등분하여 생각합니다.

③ 아래와 같이 정사각형 4개의 크기로 이등분할 수 있습니다.

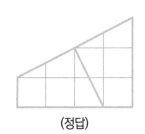

(정답)

[정답] 풀이 과정 참조

[풀이 과정]

1 × 2 직사각형의 대각선 길이를 이용해서 문제를 해결하도록 합니다.

(참고) 피타고라스의 정리 (직각삼각형의 밑변)² + (직각삼각형의 높이)² = (직각삼각형의 빗변)²

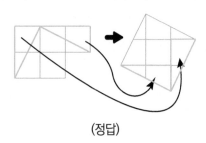

(정답)

[정답] 풀이 과정 참조

[풀이 과정]

같은 숫자가 적혀 있는 조각은 칸의 개수와 모양이 같아야 합니다. 정답은 이외에도 많을 수 있습니다.

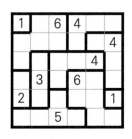
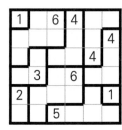

(정답)

[정답] 풀이 과정 참조

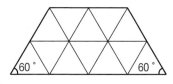

[풀이 과정]

① 밑변의 절반지점과 윗변의 각 지점을 이으면 정삼각형 3개를 만들 수 있습니다.

② 이 정삼각형들을 위 그림과 같이 4등분하고 이를 이용해서 문제를 해결하도록 합니다.

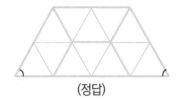

(정답)

연습문제 10 ································· P. 55

[정답] 풀이 과정 참조

[풀이 과정]

① 이 도형은 15칸짜리 도형이므로 나누어진 각 조각은 3칸
   짜리 도형이어야 합니다.

② ─ 자형 조각과 ㄴ 자형 조각 중 이 도형을 채울 수 있는
   도형은 ㄴ 자형 조각이고 이를 이용해 문제를 해결할 수
   있습니다.

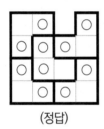

(정답)

심화문제 01 ································· P. 56

[정답] 풀이 과정 참조

[풀이 과정]

① 이 도형은 64칸짜리 도형이므로 나누어진 각 조각은 16
   칸짜리 도형입니다.

② 각 도형에는 ★이 1개씩만 들어가야하므로 서로 같은 붙
   어있는 ★ 사이에 보조선을 긋고 90°씩 회전시켜 보조선을
   추가하면 다음과 같습니다. 가운데 4칸도 서로 분리합니다.

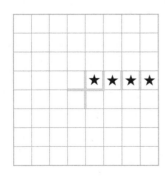

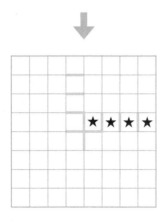

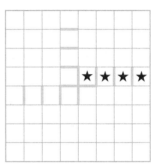

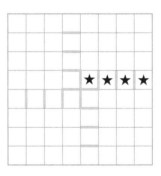

(정답)

정답 및 풀이

심화문제 02 ···················· P. 57

[정답] 풀이 과정 참조

[풀이 과정]

① 적혀 있는 수가 1 ~ 32까지의 수와 4개의 100이므로 적혀 있는 수들의 합은 928입니다.
따라서 이 도형을 크기와 모양이 같게 4등분하고 그 안에 적힌 수의 합이 같게 되기위해선 나누어진 각 도형에 적힌 수의 합은 232가 되어야 합니다. 또한 총 36칸짜리 도형이므로 나누어진 각 도형은 9칸짜리 도형입니다.

② 100과 100은 서로 다른 조각에 들어가야 합니다.
따라서 보조선을 긋고 90°씩 돌렸을 때 같은 모습이 나오도록 아래와 같이 보조선을 그은 후 정답을 찾아봅니다.

2	1	8	9	16	17
7	10	24	25	32	4
15	18	23	100	5	12
26	31	3	13	20	21
100	6	11	14	28	29
19	22	27	30	100	100

↓

2	1	8	9	16	17
7	10	24	25	32	4
15	18	23	100	5	12
26	31	3	13	20	21
100	6	11	14	28	29
19	22	27	30	100	100

↓

2	1	8	9	16	17
7	10	24	25	32	4
15	18	23	100	5	12
26	31	3	13	20	21
100	6	11	14	28	29
19	22	27	30	100	100

2	1	8	9	16	17
7	10	24	25	32	4
15	18	23	100	5	12
26	31	3	13	20	21
100	6	11	14	28	29
19	22	27	30	100	100

2	1	8	9	16	17
7	10	24	25	32	4
15	18	23	100	5	12
26	31	3	13	20	21
100	6	11	14	28	29
19	22	27	30	100	100

(정답)

심화문제 03 ···················· P. 58

[정답] 풀이 과정 참조

[풀이 과정]

① 총 36칸짜리 도형이므로 이 도형을 크기와 모양이 같게 2등분하고 붙여서 만든 정사각형은 6 × 6 정사각형입니다.

② 따라서 빈 공간을 서로 끼워 맞추기 위해서 자르면 정답을 구할 수 있습니다.

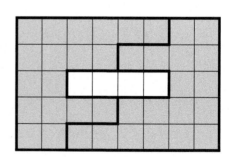

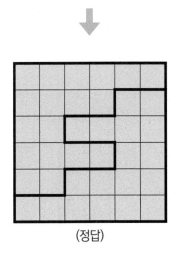

(정답)

[정답] 풀이 과정 참조

[풀이 과정]

① 나누어진 각 도형에 ☆, ○, □가 1개씩만 들어가야 하므로 먼저 서로 같은 붙어있는 문자를 위와 같이 분리합니다.

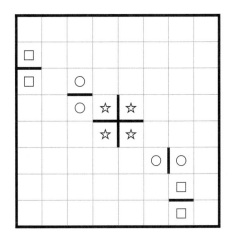

심화문제   04   ·········· P. 59

[정답] 풀이 과정 참조

[풀이 과정]

① 총 36칸짜리 도형이므로 이 도형을 크기와 모양이 같게 2 등분하고 붙여서 만든 정사각형은 6 × 6 정사각형입니다.

② 계단 부분끼리 서로 맞물리게 하기 위해 4층 부분을 기준 으로 나누는 방법을 생각해야 합니다.

② 이 등분된 도형을 90°씩 돌려서 봤을 때 나누어진 모습이 모두 같게 하기 위해 아래와 같이 원래 있 던 보조선에 새로운 보조선을 추가해 나갑니다.

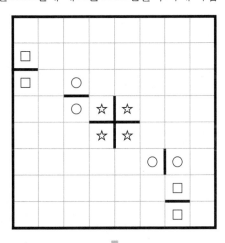

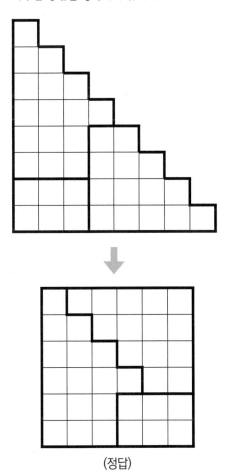

(정답)

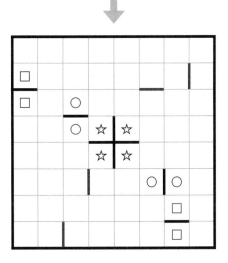

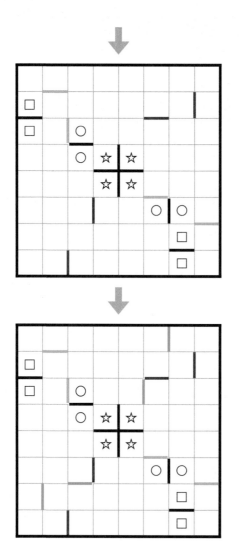

③ 이 도형은 64칸짜리 도형이므로 이 도형을 4등분 하면 나누어진 각 도형은 16칸짜리 도형입니다. 보조선을 참고하여 도형을 나누면 다음과 같습니다.

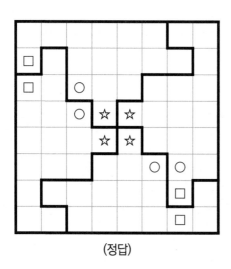

(정답)

[정답] 무우

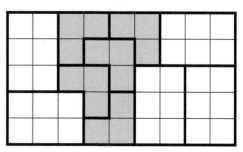

[풀이 과정]

① 위 그림과 같이 2 × 3 직사각형을 먼저 생각합니다.

② 나머지 회색 부분을 'ㄴ자 모양' 퍼즐로 채우면 정답을 구할 수 있습니다.

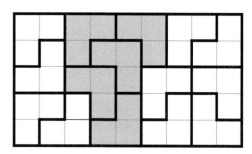

(정답)

③ 2 × 3 직사각형만을 이용해서 만들 수 있는 직사각형 외에 이 퍼즐을 이용한 다른 직사각형을 만들 수 있으므로 무우의 말이 맞습니다.

④ 무우는 기념품을 하나 더 골랐습니다.

4. 평면도형의 활용

대표문제 1   확인하기 ……………………… P. 67

[정답] 228

[풀이 과정]

① 그림의 작은 원 1개를 확대한 그림입니다.

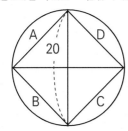

② A, B, C, D의 넓이는 각각 같습니다. A + B + C + D의 넓이는 원의 넓이에서 사각형의 넓이를 뺀 것 입니다.

A + B + C + D의 넓이 = $\pi \times 10^2 - \frac{1}{2}(20^2) = 114$

③ 따라서 작은 원 2개의 겹친 부분의 넓이는 114 ÷ 2 = 57 입니다.

④ 따라서 문제의 회색으로 칠해진 부분의 넓이

= 큰 원의 넓이 – 작은 원의 넓이 × 4 + 겹친 부분의 넓이 × 4 = $\pi \times 20^2 - 4 \times \pi \times 10^2 + 57 \times 4$

= 57 × 4 = 228

(큰 원의 넓이와 작은 원의 넓이 × 4는 서로 같습니다.)

대표문제 2   확인하기 ……………………… P. 69

[정답] 1 : 12

[풀이 과정]

① 선분 ㄱㅅ을 그으면 선분 ㄷㅁ과 평행합니다. 점ㅅ은 선분 ㄹㄷ의 중점입니다.

② △ㅁㄴㄴ과 △ㄷㄴㄹ은 닮은꼴이고 △ㄹㄷㅂ의 넓이는 △ㄹㅅㅇ의 넓이의 4배입니다.
(밑변 길이의 비 2 : 1, 높이 비 2 : 1)

③ 높이가 같고 밑변의 길이 비가 3 : 1이므로 △ㅁㄷㄴ의 넓이는 △ㅁㅂㄴ 넓이의 3배입니다.

④ △ㅁㅂㄴ의 넓이를 A라고 하면 아래 그림과 같이 각각의 넓이를 나타낼 수 있습니다.

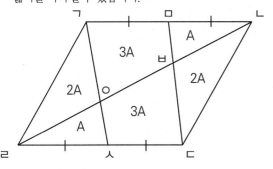

⑤ 따라서 △ㅁㅂㄴ과 평행사변형 ㄱㄹㄷㄴ의 넓이비는 1 : 12입니다. (정답)

연습문제   01 ……………………… P. 70

[정답] 2.58

[풀이 과정]

① 정사각형의 한 변의 길이를 a 라고 하면 넓이가 12이므로 $a^2 = 12$입니다.

② 회색으로 색칠된 부분의 넓이는
(정사각형의 넓이) – (사분원의 넓이)입니다.

③ 원의 넓이는 $\pi \times a^2$이므로 12π이고 따라서 사분원의 넓이는 3π = 9.42입니다.

④ 따라서 회색으로 색칠된 부분의 넓이는
12 – 9.42 = 2.58입니다. (정답)

연습문제   02 ……………………… P. 70

[정답] △ㄱㅂㅁ 의 넓이 : △ㄱㅂㄷ 의 넓이 = 3 : 4

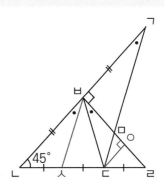

[풀이 과정]

① 선분ㄱㄷ과 선분 ㅂㅅ이 평행이 되도록 점 ㅅ을 잡습니다.
△ㄴㄷㅂ은 직각이등변삼각형이므로
∠ㅂㄴㅅ = ∠ㅂㄷㄹ 이고 △ㅂㄴㅅ과 △ㅂㄷㄹ은 합동입니다.

② 따라서 ∠ㄹㅂㄷ = ∠ㄴㅂㅅ이고, ㄷㄹ의 길이는 ㄷㄹ 길이의 2배이므로 △ㅂㄴㅅ과 △ㄱㄴㄷ은 닮음이 되고 닮음비는 1 : 2입니다.
따라서 점 ㅂ은 선분 ㄱㄴ의 중점이고 점 ㅅ은 선분 ㄴㄷ의 중점입니다. 그러면 $\overline{ㄴㅅ} = \overline{ㅅㄷ} = \overline{ㄷㄹ}$이 됩니다.

③ △ㅂㄷㅇ이 직각삼각형이 되도록 점 ㅇ을 잡습니다. 그러면 △ㄷㄹㅇ과 △ㅂㄴㄹ도 닮음이 되고 닮음비는 1 : 3입니다.

④ △ㅂㄴㄷ과 △ㄱㅂㄷ의 넓이는 서로 같습니다.

⑤ $1 : 3 = \overline{ㄷㄹ} : \overline{ㄴㄹ} = \overline{ㄷㅇ} : \overline{ㄴㅂ} = \overline{ㄷㅇ} : \overline{ㅂㄱ}$ ($\overline{ㄱㅂ} = \overline{ㄷㅂ}$)입니다. 따라서 △ㄱㅂㅁ과 △ㅁㄷㅇ의 닮음비는 3 : 1입니다.
따라서 밑변 $\overline{ㄱㅂ}$으로 공통이고, 삼각형 높이에 해당하는 ㅂㅁ : ㅁㅇ = 3 : 1이므로 △ㄱㅂㅁ의 넓이는 △ㄱㅂㄷ 의 넓이의 $\frac{3}{4}$입니다.

⑥ 따라서 △ㄱㅂㅁ의 넓이 : △ㄱㅂㄷ의 넓이 = 3 : 4입니다.

4 정답 및 풀이

연습문제 03 ···················· P. 70

[정답] 36.48

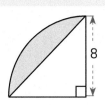

[풀이 과정]

① 문제의 도형은 위 그림의 회색으로 색칠된 부분의 넓이의 2배입니다. 이 부분의 넓이는 반지름이 8인 사분원의 넓이에서 밑변, 높이의 길이가 모두 8인 삼각형의 넓이를 뺀 것입니다.

② 따라서 위 그림의 회색으로 색칠된 부분의 넓이는 다음과 같습니다.
$(3.14 \times 8^2 \div 4) - (8 \times 8 \div 2) = 18.24$

③ 따라서 문제의 회색으로 색칠된 부분의 넓이는
$18.24 \times 2 = 36.48$입니다. (정답)

연습문제 04 ···················· P. 71

[정답] 10

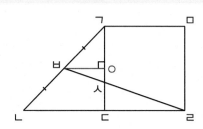

[풀이 과정]

① ∠ㄱㅇㅂ = 90°가 되도록 점 ㅇ을 잡습니다. 그러면 △ㄱㅂㅇ과 △ㄱㄴㄷ은 닮음이고 닮음비는 1 : 2가 됩니다.
따라서 (선분 ㅂㅇ의 길이) : (선분 ㄴㄷ의 길이) = 1 : 2입니다.

② 또한 △ㅂㅇㅅ과 △ㅅㄷㄹ도 닮음입니다.
선분 ㄴㄷ의 길이 = 선분 ㄷㄹ의 길이이므로 두 삼각형의 닮음비는 1 : 2입니다.
따라서 (선분 ㅇㅅ의 길이) : (선분 ㅅㄷ의 길이) = 1 : 2입니다.

③ 따라서 (선분 ㅁㄹ의 길이) = (선분 ㄱㄷ의 길이)이고 ㅇ은 선분 ㄱㄷ의 중점입니다.
따라서 선분 ㅇㄷ의 길이는 30 ÷ 2 = 15이고
(선분 ㅇㅅ의 길이) : (선분 ㅅㄷ의 길이) = 1 : 2이므로
선분 ㄷㅅ의 길이는 10입니다. (정답)

연습문제 05 ···················· P. 71

[정답] 61.87

[풀이 과정]

① 색이 칠해진 부분의 둘레는 다음과 같습니다.
반지름이 10인 반원의 호의 길이 + 20(큰 원의 반지름) + 반지름이 20이고 중심각이 30°인 부채꼴의 호의 길이

② 따라서 식은 다음과 같습니다.
$(2 \times 3.14 \times 10 \div 2) + 20 + (2 \times 3.14 \times 20 \div 12)$
$= 61.87$ (정답)

연습문제 06 ···················· P. 72

[정답] 100

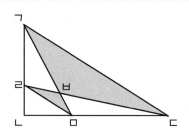

[풀이 과정]

① ㄱㄷ : ㄹㄷ = 3 : 1이고 ㄴㄷ : ㄴㅁ = 3 : 1입니다.
따라서 △ㄱㄴㄷ 과 △ㄹㄴㅁ 은 닮음이고 닮음비는 3 : 1입니다.

② 또한 △ㄱㅂㄷ과 △ㄹㅁㅂ도 닮음이고
ㄹㅁ : ㄱㄷ = 1 : 3이므로 닮음비는 3 : 1입니다.

③ △ㄱㄴㄷ의 넓이는 15 × 24 ÷ 2 = 180입니다.
ㄴㅁ : ㅁㄷ = 1 : 2이므로 △ㄱㅁㄷ의 넓이는 16 × 15 ÷ 2 = 120입니다.
또한 ㄱㅂ : ㅂㅁ = 3 : 1이고 △ㄱㅁㄷ 의 넓이가 120이므로 △ㄱㅂㄷ의 넓이는 90입니다.
또한 △ㄹㄴㅁ에서 ㄹㅂ : ㅂㄷ = 1 : 3입니다.
따라서 △ㄹㄴㅂ의 넓이는 10입니다.

④ 따라서 회색으로 색칠된 부분의 넓이는
90 + 10 = 100입니다. (정답)

연습문제 07 ···················· P. 72

[정답] 46.26

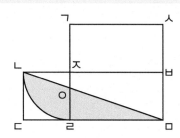

[풀이 과정]

① 회색으로 색칠된 부분의 넓이는 다음과 같습니다.
   (부채꼴 ㄴㄹㅈ의 넓이) + (직사각형 ㅈㄹㅁㅂ의 넓이)
   - (직각삼각형 ㄴㅁㅂ의 넓이)

② (부채꼴 ㄴㄹㅈ의 넓이) = $3.14 \times 6^2 \div 4 = 28.26$
   (직사각형 ㅈㄹㅁㅂ의 넓이) = $6 \times 12 = 72$
   (직각삼각형 ㄴㅁㅂ의 넓이) = $18 \times 6 \div 2 = 54$

③ 따라서 회색으로 색칠된 부분의 넓이는
   $28.26 + 72 - 54 = 46.26$입니다. (정답)

연습문제 **08** ⋯⋯⋯⋯⋯ P. 72

[정답] (△ㄱㄴㅁ 의 넓이) : (△ㄱㅁㄹ 의 넓이) = 5 : 2

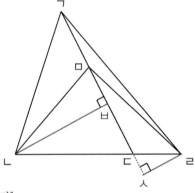

[풀이 과정]

① 위 그림과 같이 ∠ㄱㅂㄴ과 ∠ㄷㅅㄹ이 90°가 되도록 점
   ㅂ, ㅅ을 잡습니다. 그러면 △ㄴㄷㅂ과 △ㄷㅅㄹ은 닮음이
   되고 ㄷㄷ : ㄷㄹ = 5 : 2이므로 두 삼각형의 닮음비는 5
   : 2입니다.
   따라서 ㄴㅂ : ㅈㄹ = 5 : 2입니다.

② △ㄱㄴㅁ과 △ㄱㅁㄹ은 모두 선분 ㄱㅁ을 밑변으로 가지
   는 삼각형입니다.
   ㄴㅂ : ㅈㄹ = 5 : 2이므로
   (△ㄱㄴㅁ 의 넓이) : (△ㄱㅁㄹ 의 넓이) = 5 : 2입니다.
   (정답)

연습문제 **09** ⋯⋯⋯⋯⋯ P. 73

[정답] 18.84

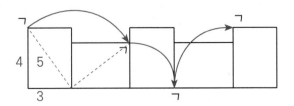

[풀이 과정]

① 점 ㄱ이 움직인 경로는 위 그림과 같습니다. 이 경로의 길
   이는 다음과 같습니다.
   (반지름이 5인 사분원의 호의 길이) + (반지름이 3인 사
   분원의 호의 길이) + (반지름이 4인 사분원의 호의 길이)

② (반지름이 5인 사분원의 호의 길이) = $3.14 \times 2 \times 5$
   $\div 4 = 7.85$
   (반지름이 4인 사분원의 호의 길이) = $3.14 \times 2 \times 4$
   $\div 4 = 6.28$
   (반지름이 3인 사분원의 호의 길이) = $3.14 \times 2 \times 3$
   $\div 4 = 4.71$

③ 따라서 점 ㄱ이 움직인 경로의 길이는
   $7.85 + 6.28 + 4.71 = 18.84$입니다. (정답)

연습문제 **10** ⋯⋯⋯⋯⋯ P. 73

[정답] (△ㄱㄴㄷ 의 넓이) : (△ㅁㄷㄹ 의 넓이) = 48 : 1

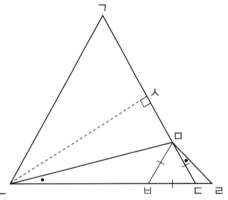

[풀이 과정]

① 위 그림과 같이 선분 ㄱㄴ과 선분 ㅁㅂ이 평행이 되도록
   점 ㅂ을 잡습니다.

② △ㅁㄴㄹ과 △ㅁㄷㄹ은 닮음이고 ㄷㅁ : ㅁㄹ = 3 : 1이
   므로 ㄴㄷ : ㄷㄹ = 3 : 1입니다.

③ △ㄱㄴㄷ이 정삼각형이므로 △ㅁㅂㄷ은 정삼각형입니다.
   따라서 △ㅁㄴㅂ과 △ㅁㄷㄹ도 두 각이 같으므로 닮음이
   됩니다.

④ ㄷㄹ = 1이라고 하면 각 선분의 길이는 다음과 같습니다.
   (선분 ㄷㅁ, ㅁㅂ, ㅂㄷ의 길이) = 3
   (선분 ㄴㅂ의 길이) = 9, (선분 ㄴㄷ의 길이) = 12

⑤ 따라서 (△ㄱㄴㄷ의 넓이) : (△ㅁㄴㄷ의 넓이) = 4 : 1
   이고 (높이가 ㄴㅈ으로 서로 같고 밑변 ㄱㄷ : ㅁㄷ = 4 : 1)
   (△ㅁㄴㄷ의 넓이) : (△ㅁㄷㄹ의 넓이) = 12 : 1
   (높이는 서로 같고 밑변은 12 : 1)입니다.

⑥ 따라서 (△ㄱㄴㄷ의 넓이) : (△ㅁㄷㄹ의 넓이) = 48 : 1
   입니다. (정답)

4 정답 및 풀이

심화문제 01 .... P. 74

[정답] $\dfrac{20}{3}$

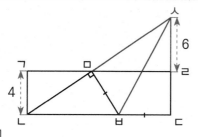

[풀이 과정]

① 선분 ㄴㅁ과 선분 ㄹㄷ을 연장해서 만나는 점을 점 ㅅ이라고 합니다. 그러면 △ㄱㄴㅁ과 △ㅁㄹㅅ은 닮음이 됩니다. ㄱㅁ : ㅁㄹ = 2 : 3이므로 두 삼각형의 닮음비는 2 : 3입니다.

② 선분 ㄱㄴ의 길이가 4이므로 선분 ㅅㄹ의 길이는 6입니다. 따라서 선분 ㅅㄷ의 길이는 10입니다. 또한 선분 ㅅㅂ은 공통이고 (선분 ㅁㅂ의 길이) = (선분 ㅂㄷ의 길이)이며 ∠ㅅㅁㅂ = ∠ㅂㄷㅅ = 90°이므로 △ㅅㅁㅂ과 △ㅅㄷㅂ은 합동입니다.
따라서 선분 ㅅㅁ의 길이도 10입니다.

③ △ㄱㄴㅁ과 △ㅁㄹㅅ의 닮음비가 2 : 3이므로 ㄴㅁ : ㅁㅅ = 2 : 3입니다.

따라서 선분 ㄴㅁ의 길이는 $\dfrac{20}{3}$입니다. (정답)

심화문제 02 .... P. 74

[정답] 52.8

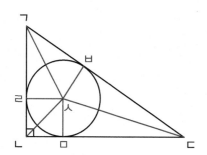

[풀이 과정]

① 직각삼각형 ㄱㄴㄷ의 넓이가 628이고 원의 넓이는 이 직각삼각형 넓이의 절반이므로 314입니다. 원의 반지름의 길이를 r이라고 하면 3.14 × r^2 = 314이므로 r = 10입니다.

② ∠ㄱㄹㅅ = ∠ㄱㅂㅅ = ∠ㅅㅁㄷ = 90°이고 (△ㄱㄹㅅ의 넓이) = (△ㄱㅅㅂ의 넓이), (△ㅅㅁㄷ의 넓이) = (△ㅂㅅㄷ의 넓이)이므로 (△ㄱㄴㄷ의 넓이) = (△ㄱㅅㄷ의 넓이 × 2) + (□ㄹㄴㅁㅅ의 넓이)입니다.

③ 따라서 수식은 다음과 같습니다.
628 = {(선분 ㄱㄷ의 길이) × 10 ÷ 2} × 2 + 100

④ 따라서 (선분 ㄱㄷ의 길이) = 52.8입니다. (정답)

심화문제 03 .... P. 75

[정답] 40

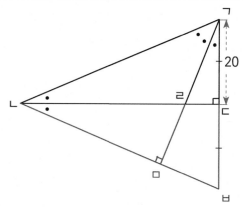

[풀이 과정]

① 위 그림과 같이 ㄱㄷ의 길이와 ㄷㅂ의 길이가 같게 각 보조선을 그립니다.

② △ㄱㄴㄷ과 △ㄱㄹㄷ이 닮음이므로 ∠ㄱㄴㄷ = ∠ㄹㄱㄷ입니다. 이때 △ㄱㄴㅁ은 직각이등변삼각형입니다.
따라서 ∠ㄱㄴㅁ = 45°입니다.

③ △ㄱㄴㅁ은 직각이등변삼각형이므로 (선분 ㄴㅁ의 길이) = (선분 ㄱㅁ의 길이)입니다.

④ ∠ㄹㄴㅁ = ∠ㅂㄱㅁ, ∠ㄴㅁㄹ = ∠ㄱㅁㅂ = 90°이고 (선분 ㄴㅁ의 길이) = (선분 ㄱㅁ의 길이)이므로 두 삼각형 △ㄴㅁㄹ과 △ㄱㅁㅂ은 합동입니다.
따라서 (선분 ㄴㄹ의 길이) = (선분 ㄱㅂ의 길이) = 40입니다. (정답)

심화문제 04 ·········· P. 75

[정답] (선분 ㄱㄴ의 길이) : (선분 ㄷㄹ의 길이) = 2 : 3

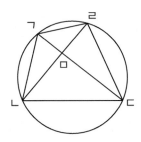

[풀이 과정]

① 사각형 ㄱㄴㄷㄹ의 두 대각선의 교점을 점 ㅁ이라 합니다. ∠ㄱㄹㄴ = ∠ㄱㄷㄴ, ∠ㄹㄱㄷ = ∠ㄹㄴㄷ이므로 △ㄱㅁㄹ과 △ㅁㄴㄷ은 닮음이고 ㄱㄹ : ㄴㄷ = 1 : 2이므로 닮음비는 1 : 2입니다.

② 또한 △ㄱㄴㅁ과 △ㄹㄷㅁ도 닮음입니다. 이 두 삼각형의 닮음비를 $1 : k$라고 하고 (선분 ㄹㅁ의 길이) $= k$라고 하면 ①에 의해 (선분 ㄱㅁ의 길이) = 1, (선분 ㄴㅁ의 길이) = 2, (선분 ㅁㄷ의 길이) $= 2k$가 됩니다.

③ ㄱㄷ : ㄴㄹ = 8 : 7이므로 ①, ②에 의해 다음과 같은 식을 얻을 수 있습니다.
➡ ㄱㄷ : ㄴㄹ $= (1 + 2k) : (2 + k) = 8 : 7$

④ 위의 식을 풀면 $k = \dfrac{3}{2}$입니다.

⑤ 따라서 닮음비가 $\dfrac{3}{2}$이므로 ㄱㄴ : ㄷㄹ = 2 : 3입니다. (정답)

창의적문제해결수학 01 ·········· P. 76

[정답] (큰 오각형 ABCDE의 넓이) : (작은 오각형 KLMNO의 넓이) = 16 : 1

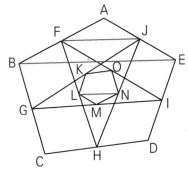

[풀이 과정]

① 점 L, N은 각각 선분 FH, HJ의 중점이므로 △FHJ와 △LHN은 닮음이고 닮음비는 1 : 2입니다.

② 또한 점 F, J는 각각 선분 AB, AE의 중점이므로 △ABE와 △AFJ는 닮음이고 닮음비는 1 : 2입니다.

③ ①, ②에 의해 $\overline{LN} : \overline{BE}$ = 1 : 4입니다. 모든 방향에서 이와 마찬가지로 생각해보면 오각형 ABCDE와 오각형 KLMNO는 닮음이고 닮음비는 1 : 4가 됩니다.

창의적문제해결수학 02 ·········· P. 77

[정답] (△ABP의넓이) : (△CDP의넓이) = 3 : 1

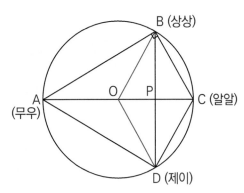

[풀이 과정]

① 원의 중점을 O라고 합니다. 선분 AC가 원의 중심을 지나므로 이 선분은 원의 지름이 되고 원의 내부에 접하는 삼각형의 한 변이 원의 중심을 지나면 이 삼각형은 반드시 직각삼각형이 됩니다.

② 무우가 탄후 10분 후에 제이가 타고 제이가 탄 후 10분 후에 알알이가 탔으므로 △ABD는 정삼각형입니다.

③ △BOP, △BPC, △OPD, △CPD는 모두 합동입니다. 따라서 △CDP의 넓이와 △BOP의 넓이는 같습니다.

④ P는 선분 OC의 중점이 됩니다. 따라서 AO : OP = 2 : 1입니다.

⑤ 따라서 △ABO의 넓이는 △BOP 넓이의 2배가 됩니다.

⑥ 따라서 (△ABP의 넓이) : (△CDP의 넓이) = 3 : 1입니다. (정답)

5. 입체도형의 부피, 겉넓이

[정답] 1800.01

[풀이 과정]

① 사각뿔의 전개도는 다음과 같습니다.

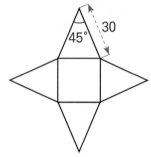

② 옆면에 해당하는 삼각형 두개를 붙여서 면적을 구합니다.

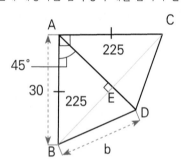

③ 직각이등변삼각형 ABC의 넓이는 450이고, △ABE와 △AEC의 넓이는 각각 225입니다.

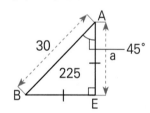

④ △ABE는 직각이등변삼각형이고, 넓이가 225입니다. $\overline{AE}$의 길이를 a라고 하면 $\frac{1}{2}$ × a × a = 225, a × a = 450 a = 21.21 입니다.

⑤ 따라서 $\overline{BE}$는 21.21, $\overline{ED}$ = 30 – 21.21 = 8.79이므로 직각삼각형 BED의 넓이는 93.22입니다.

⑥ 따라서 △ABD의 넓이는 225 + 93.22 = 318.22이고, 옆면은 모두 4개이므로 옆면의 총 넓이는 318.22 × 4 = 1272.88입니다.

⑦ $\overline{BD}$ = b라고 하면 밑면의 넓이는 $b^2 = \overline{BE}^2 + \overline{ED}^2$ = 527.13입니다.

⑧ 따라서 사각뿔의 겉넓이는 1272.88 + 527.13 = 1800.01 입니다.

[정답] 2916

[풀이 과정]

① 도형을 A, B 2개로 나누어 봅니다.

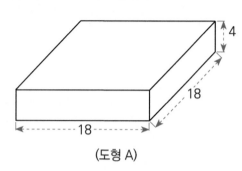

(도형 A)

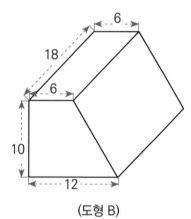

(도형 B)

② 도형 A의 부피는 18 × 18 × 4 = 1296이며, 도형 B는 아래 직육면체를 절반 자른 모양이므로 도형 B의 부피는 18 × 18 × 10 ÷ 2 = 1620입니다.

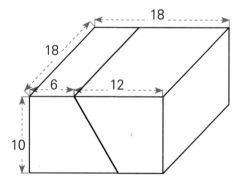

③ 따라서 전체 도형의 부피는 1296 × 1620 = 2916입니다.

④ 또한, 같은 모양을 뒤집어 얹히면 다음과 같습니다.

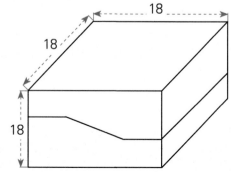

③ 따라서 문제 도형의 부피는 18 × 18 × 18 ÷ 2 = 2916입니다.

[정답] 490cm³

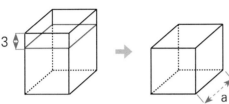

[풀이 과정]

① 위 그림과 같이 높이가 3인 직육면체를 잘라내고 남은 부분인 정육면체의 한 변의 길이를 a라고 합니다.

② 원래 직육면체는 가로, 세로, 높이가 각각 a, a, a + 3이므로 원래 직육면체의 겉넓이는 6 × a² + 12 × a이고 정육면체의 겉넓이는 6 × a²입니다.

③ 따라서 두 입체도형의 겉넓이의 차 12 × a = 84이므로 정육면체의 한 변의 길이 a = 7입니다.

④ 따라서 원래 직육면체의 부피는 7 × 7 × 10 = 490cm³입니다. (정답)

[정답] 640cm³

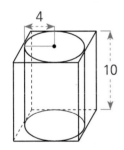

[풀이 과정]

① 밑면의 반지름이 4, 높이가 10인 원기둥을 담을 수 있는 가장 작은 직육면체는 위 그림과 같습니다.

② 이 직육면체의 밑면은 한 변의 길이가 8인 정사각형이고 높이는 10입니다.

③ 따라서 이 직육면체의 부피는 8 × 8 × 10 = 640cm³입니다. (정답)

[정답] 209.3cm³

[풀이 과정]

① 가로, 세로, 높이가 각각 10, 8, 12인 직육면체를 깎아서 가장 부피가 큰 원뿔을 만들 때는 아래와 같은 경우를 비교하면 됩니다.

② ⅰ. 변의 길이가 10, 8인 면을 밑면으로 쓰는 경우 :
　　밑면의 반지름의 길이는 4, 높이는 12입니다.
　　따라서 부피는 4 × 4 × 3.14 × 12 ÷ 3 = 200.96

　ⅱ. 변의 길이가 10, 12인 면을 밑면으로 쓰는 경우 :
　　밑면의 반지름의 길이는 5, 높이는 8입니다.
　　따라서 부피는 5 × 5 × 3.14 × 8 ÷ 3 = 약 209.3

　ⅲ. 변의 길이가 8, 12인 면을 밑면으로 쓰는 경우 :
　　밑면의 반지름의 길이는 4, 높이는 10입니다.
　　따라서 부피는 4 × 4 × 3.14 × 10 ÷ 3 = 약 167.5

③ 따라서 부피가 가장 큰 원뿔의 부피는 209.3cm³입니다.
（정답）

[정답] 7234.56cm²

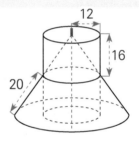

[풀이 과정]

① 2개의 직각삼각형을 붙여서 만든 도형을 회전시키면 위 그림과 같은 입체도형이 만들어지게 됩니다.

② 이 입체도형의 겉넓이는 다음과 같습니다.
　(2층 원기둥의 윗면) + (2층 원기둥의 옆면)
　+ (1층 원뿔대의 옆면) + (1층 원뿔대의 구멍뚫린 밑면)
　+ (1층 원뿔대 내부의 원기둥의 옆면) + (2층 원기둥 내부의 원뿔의 옆면)

③ 각각의 넓이는 다음과 같습니다.
　(2층 원기둥의 윗면) = 12 × 12 × 3.14 = 452.16
　(2층 원기둥의 옆면) + (1층 원뿔대 내부의 원기둥의 옆면)
　= 24 × 3.14 × 16 × 2 = 2411.52
　(1층 원뿔대의 옆면) + (2층 원기둥 내부의 원뿔의 옆면)
　= (큰 원뿔의 옆면) = 960 × 3.14 = 3014.4
　(1층 원뿔대의 구멍뚫린 밑면) = 24 × 24 × 3.14 − 12 × 12 × 3.14 = 1356.48

④ 따라서 이 입체도형의 겉넓이는 다음과 같습니다.
　452.16 + 2411.52 + 3014.4 + 1356.48 = 7234.56cm²
（정답）

연습문제 **05** ⋯⋯⋯⋯⋯⋯⋯ P. 87

[정답] 12560cm³

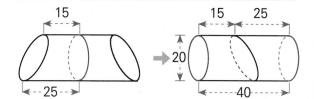

[풀이 과정]

① 도형을 정확히 절반으로 잘라서 대각선으로 잘라져있는 부분끼리 붙이면 위 그림과 같이 높이가 40인 원기둥이 됩니다.

② 따라서 이 원기둥의 부피는 다음과 같습니다.
10 × 10 × 3.14 × 40 = 12560cm³ (정답)

연습문제 **06** ⋯⋯⋯⋯⋯⋯⋯ P. 88

[정답] 157cm²

[풀이 과정]

① 페인트가 묻은 부분의 넓이 1256cm²은 높이가 50cm인 이 원기둥의 옆면의 넓이입니다.
따라서 이 원기둥의 밑면의 둘레는 1256 ÷ 50 = 25.12cm이므로 원기둥의 밑면의 반지름은 25.12 ÷ 6.28 = 4cm입니다.
따라서 이 원기둥의 부피는 4 × 4 × 3.14 × 50 = 2512cm³입니다.

② 이 원기둥을 녹여서 직육면체를 만들면 원기둥과 직육면체의 부피는 같습니다. 직육면체의 높이가 16cm이므로 이 직육면체의 밑면의 넓이는 2512 ÷ 16 = 157cm²입니다. (정답)

연습문제 **07** ⋯⋯⋯⋯⋯⋯⋯ P. 88

[정답] 9L

[풀이 과정]

① 두 도형은 같고 들어있는 물의 양도 같습니다.
따라서 첫 번째 도형의 물이 없는 부분의 부피와 두 번째 도형의 물이 없는 부분의 부피가 같습니다.

② (두 번째 도형의 물이 없는 부분의 부피)
= (원기둥의 밑면의 넓이) × (52 − 38)입니다.

③ 따라서 이 병에 담을 수 있는 물의 양은 총 6L
+ (원기둥의 밑면의 넓이) × 14입니다.

④ 첫번째 그림의 조건에서 (원기둥의 밑면의 넓이) × 28
= 6L이므로 (원기둥의 밑면의 넓이) × 14 = 3L이고 총 담을 수 있는 물의 양은 6L + 3L = 9L입니다. (정답)

연습문제 **08** ⋯⋯⋯⋯⋯⋯⋯ P. 88

[정답] 두 물통의 높이는 각각 9cm

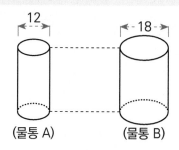

(물통 A)   (물통 B)

[풀이 과정]

① 물통 A와 물통 B의 높이를 각각 h라고 합니다. 물통 A에 가득 담겨있는 물의 양은 $6 \times 6 \times \pi \times h = 36\pi h$입니다.

② 이 물을 물통 B로 모두 옮겼을 때, 물통 B에 담긴 물의 높이는 $\frac{2}{3} \times h - 2$입니다.
따라서 다음과 같은 식을 세울 수 있습니다.
$$36\pi h = 9 \times 9 \times \pi \times (\frac{2}{3} \times h - 2)$$

③ 따라서 h = 9cm입니다. (정답)

연습문제 **09** ⋯⋯⋯⋯⋯⋯⋯ P. 89

[정답] 648cm²

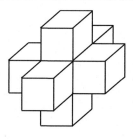

[풀이 과정]

① 정육면체의 내부에 구멍뚫린 부분은 위 도형과 같은 모습입니다. 이 도형은 한 변의 길이가 3인 정육면체 7개를 붙여놓은 모습입니다.

② 문제의 도형의 겉넓이는 한 변의 길이가 9인 정육면체의 겉넓이와 위 도형의 겉넓이, 한 변의 길이가 3인 정사각형의 넓이를 통해서 구할 수 있습니다.

구하고자 하는 겉넓이는 다음과 같습니다.
(한 변의 길이가 9인 정육면체의 겉넓이)
 － 6 × (한 변의 길이가 3인 정사각형의 넓이)
 ＋ (위 도형의 겉넓이)
 － 6 × (한 변의 길이가 3인 정사각형의 넓이)
 = 486 － 6 × 9 ＋ 270 － 6 × 9 = 648 cm² (정답)

연습문제　10 ⋯⋯⋯⋯⋯⋯⋯⋯⋯⋯⋯⋯⋯ P. 89

[정답] 1273.9cm³

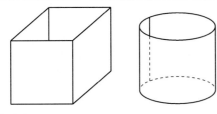

[풀이 과정]
① 가로, 세로가 40, 10인 직사각형을 이용해서 입체도형의 옆면을 만들면 위 그림과 같은 모습 등을 만들 수 있습니다. 왼쪽의 도형은 한 변의 길이가 10인 정육면체이고 오른쪽의 도형은 밑면의 둘레가 40이고 높이가 10인 원기둥입니다.

② 따라서 왼쪽 정육면체 모양의 방에는
10 × 10 × 10 = 1000 만큼의 내용물을 채워 넣을 수 있습니다. 이러한 식으로 입체도형을 만들면 높이는 모두 10으로 같으므로 밑면의 넓이가 가장 클 때, 부피가 가장 커지게 됩니다. 둘레가 같은 도형 중에선 원의 넓이가 가장 넓습니다.

③ 원기둥의 밑면의 둘레가 40이므로 밑면 반지름의 길이는 $\dfrac{20}{\pi}$입니다.

④ 따라서 이 원기둥에는 $3.14 \times \dfrac{20}{\pi} \times \dfrac{20}{\pi} \times 10 = 약$ 1273.9 만큼의 내용물을 채워 넣을 수 있습니다.

⑤ 따라서 가로, 세로가 40, 10인 직사각형을 이용해서 밑면 또는 윗면이 없는 방을 만들어서 채울 수 있는 내용물의 최대치는 1273.9cm³입니다. (정답)

심화문제　01 ⋯⋯⋯⋯⋯⋯⋯⋯⋯⋯⋯⋯⋯ P. 90

[정답] 3925cm³

[풀이 과정]

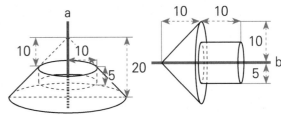

① 축 a, b로 돌려서 만든 입체도형은 위 그림과 같습니다.
② 축 a을 중심으로 돌려서 만든 입체도형의 부피를 구하는 방법은 다음과 같습니다.
입체도형의 부피
 = (연장선을 그어서 만든 큰 원뿔의 부피)
  － (2층의 작은 원뿔의 부피)
  － (내부에 있는 원기둥의 부피)
 = (20 × 20 × 3.14 × 20 ÷ 3)
  － (10 × 10 × 3.14 × 10 ÷ 3)
  － (10 × 10 × 3.14 × 5)
 = 5756.7

③ 축 b를 중심으로 돌려서 만든 입체도형의 부피를 구하는 방법은 다음과 같습니다.
입체도형의 부피
 = (원뿔의 부피) ＋ (원기둥의 부피)
 = (10 × 10 × 3.14 × 10 ÷ 3)
  ＋ (5 × 5 × 3.14 × 10)
 = 1831.7

④ 따라서 두 도형의 부피의 차는
5756.7 － 1831.7 = 3925cm³입니다. (정답)

심화문제　02 ⋯⋯⋯⋯⋯⋯⋯⋯⋯⋯⋯⋯⋯ P. 91

[정답] 602.88cm²

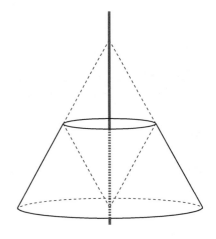

[풀이 과정]

① 축을 중심으로 회전한 입체도형은 위 그림과 같습니다. 이 도형의 겉넓이는 다음과 같이 구할 수 있습니다.
(연장선을 그어서 만든 큰 원뿔의 옆면의 넓이) − (2층의 작은 원뿔의 옆면의 넓이) + (큰 원뿔의 밑면의 넓이) + (1층의 뒤집어진 원뿔의 옆면의 넓이)

② (2층의 작은 원뿔의 옆면의 넓이) 와 (1층의 뒤집어진 원뿔의 옆면의 넓이)는 서로 같습니다.
따라서 이 입체도형의 겉넓이는 결국 연장선을 그어서 만든 큰 원뿔의 겉넓이와 같습니다.

③ 큰 원뿔은 밑면의 반지름의 길이가 8이고 모선의 길이가 16입니다.
따라서 큰 원뿔의 전개도를 생각해보면 옆면은 반지름의 길이가 16인 반원이 됩니다.
따라서 이 원뿔의 겉넓이는 다음과 같습니다.
(큰 원뿔의 옆면의 넓이) + (큰 원뿔의 밑면의 넓이)
= (16 × 16 × 3.14 ÷ 2) + (8 × 8 × 3.14)
= 401.92 + 200.96 = 602.88 (정답)

심화문제 03 .... P. 92

[정답] 362.6cm³

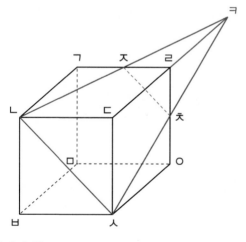

[풀이 과정]

① 위 그림과 같이 ㄴㅈ, ㄷㄹ, ㅅㅊ을 연장한 선분이 만나는 점을 점 ㅋ이라고 합니다. 그러면 점 ㅈ, ㅊ이 ㄱㄹ, ㄹㅇ의 중점이므로 ㄴㅈ = ㅈㅋ, ㄷㄹ = ㄹㅋ, ㅅㅊ = ㅊㅋ이 됩니다.

② 따라서 평면 ㄴㅅㅊㅈ 으로 정육면체를 잘랐을 때, 점 ㅁ을 포함하는 입체도형의 부피는 다음과 같습니다.
(점 ㅁ을 포함하는 입체도형의 부피) = (정육면체의 부피) − {(삼각뿔 ㄴㄷㅅㅋ 의 부피) − (삼각뿔 ㅈㄹㅊㅋ 의 부피)}

③ (정육면체의 부피) = 8 × 8 × 8 = 512
(삼각뿔 ㄴㄷㅅㅋ 의 부피) = (8 × 8 ÷ 2) × 16 ÷ 3
= 170.7

(삼각뿔 ㅈㄹㅊㅋ 의 부피) = (4 × 4 ÷ 2) × 8 ÷ 3
= 21.3

④ 따라서 점 ㅁ을 포함하는 입체도형의 부피는
512 − (170.7 − 21.3) = 362.6 (정답)

심화문제 04 .... P. 93

[정답] 16개

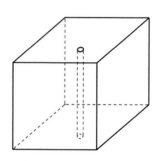

[풀이 과정]

① 먼저 하나의 구멍도 뚫리지 않은 정육면체의 겉넓이는 한 변의 길이가 15이므로 6 × 15 × 15 = 1350입니다.

② 위 그림과 같이 원기둥 모양으로 1개의 구멍을 뚫으면 (원기둥의 밑면 + 윗면의 넓이)만큼 겉넓이가 줄고 (원기둥의 옆면의 넓이)만큼 겉넓이가 늘게 됩니다.
(원기둥의 밑면 + 윗면의 넓이) = 3.14 × 2 = 6.28
(원기둥의 옆면의 넓이) = 2 × 3.14 × 15 = 94.2이므로 원기둥 모양으로 1개의 구멍을 뚫을 때마다 총 겉넓이는 (94.2 − 6.28 = 87.92)만큼 늘어나게 됩니다.

③ 따라서 n 개의 구멍을 뚫으면 겉넓이는 87.92 × n만큼 늘어나게 되고 총 겉넓이가 원래 겉넓이의 2배 이상이 되어야 하므로 식은 다음과 같습니다.
1350 + 87.92 × n ≥ 2700 ➡ n ≥ 약 15.35

④ 따라서 이를 만족하는 n의 최솟값은 16입니다. (정답)

[정답] 60cm

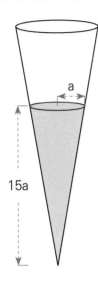

[풀이 과정]

① 밑면의 반지름이 8인 원기둥에 높이가 5cm인 지점까지 물이 찼다면 물의 양은 8 × 8 × 3.14 × 5 = 1004.8cm³ 입니다.

② 원뿔의 밑면의 반지름의 길이 : 높이 = 1 : 15입니다. 따라서 위 그림과 같이 물이 차있다고 생각하면 밑면의 반지름의 길이가 a일 때, 높이는 15a가 됩니다. 따라서 이때 물의 양은 a × a × 3.14 × 15a ÷ 3입니다.

③ 같은 양의 물을 붓고 있으므로 두 물통에 들어있는 물의 양은 같습니다.
　➡ 15.7 × a³ = 1004.8　➡ a³ = 64

④ 따라서 a = 4입니다. 즉, A = 15 × a이므로 원뿔을 뒤집어 놓은 모양의 물통에는 높이가 60cm인 지점까지 물이 차게 됩니다. (정답)

[정답] 261.12cm²

[풀이 과정]

① 원뿔의 밑면의 반지름의 길이가 8, 모선의 길이가 24이므로 원뿔의 옆면을 펼친 부채꼴의 중심각은 (16 × 3.14) ÷ (48 × 3.14) × 360° = 120°입니다.

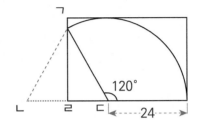

② 부채꼴을 잘라낸 직사각형에서 위 그림과 같이 연장선을 그으면 부채꼴의 중심각이 120°이므로 △ㄱㄴㄷ은 정삼각형이 됩니다.

③ 부채꼴의 모선의 길이가 24이므로 선분 ㄱㄷ의 길이는 24cm이고 △ㄱㄴㄷ은 정삼각형이므로 선분 ㄹㄷ의 길이는 12cm가 됩니다.

④ 직사각형의 높이는 부채꼴의 모선의 길이와 같습니다. 따라서 원래의 직사각형은 가로, 세로의 길이가 36cm, 24cm인 직사각형이고 이 직사각형의 넓이는 36 × 24 = 864cm²입니다. 또한 중심각이 120°인 부채꼴의 넓이는 24 × 24 × 3.14 ÷ 3 = 602.88cm²입니다. 따라서 직사각형에서 부채꼴을 잘라낸 부분의 넓이는 864cm² - 602.88cm² = 261.12cm²입니다. (정답)